Komplexität und Emergenz
in Gesellschaft und Natur

Dietrich Fliedner

Komplexität und Emergenz in Gesellschaft und Natur

Typologie der Systeme und Prozesse

PETER LANG
Frankfurt am Main · Berlin · Bern · Bruxelles · New York · Wien

Die Deutsche Bibliothek - CIP-Einheitsaufnahme

Fliedner, Dietrich:

Komplexität und Emergenz in Gesellschaft und Natur :
Typologie der Systeme und Prozesse / Dietrich Fliedner. -
Frankfurt am Main ; Berlin ; Bern ; Bruxelles ; New York ;
Wien : Lang, 1999
ISBN 3-631-35664-1

Gedruckt mit Unterstützung
der Universität des Saarlandes

Gedruckt auf alterungsbeständigem,
säurefreiem Papier.

ISBN 3-631-35664-1
© Peter Lang GmbH
Europäischer Verlag der Wissenschaften
Frankfurt am Main 1999
Alle Rechte vorbehalten.

Das Werk einschließlich aller seiner Teile ist urheberrechtlich geschützt. Jede Verwertung außerhalb der engen Grenzen des Urheberrechtsgesetzes ist ohne Zustimmung des Verlages unzulässig und strafbar. Das gilt insbesondere für Vervielfältigungen, Übersetzungen, Mikroverfilmungen und die Einspeicherung und Verarbeitung in elektronischen Systemen.

Printed in Germany 1 2 4 5 6 7

Für Christopher und Sören

Vorwort

Unsere Wirklichkeit ist komplex strukturiert. Dies zeigt sich schon in unserer unmittelbaren Umgebung, z.B. bei den ökologischen und wirtschaftlichen Systemen. Verschieden definierte Komponenten, Elemente, Prozesse, Energieflüsse, Regulationsmechanismen etc. wirken in unterschiedlicher Weise zusammen und gestalten vielfältig zusammengesetzte Systeme und Formen.

Was steckt hinter dieser scheinbar undurchdringlichen Ordnung? Lassen sich Regeln erkennen? Verschiedene interdisziplinäre Forschungszweige, so z.b. die Chaosforschung, versuchen mit viel Engagement, Antworten zu geben. Begleitet werden diese Arbeiten von zahlreichen Publikationen, die sich an die Allgemeinheit wenden, und demonstrieren, daß auch das öffentliche Interesse an diesen Untersuchungen groß ist.

Aber nun scheint es, als ob die Forschung ins Stocken geraten wäre, als ob Hürden den Weg versperrten. So ist es noch nicht gelungen, einen Zugang zur Selbstorganisation komplexer dauerhafter Systeme zu finden. Folgen z.B. Siedlungen und Staaten, Lebewesen und biotischen Populationen, Gestirne und Moleküle, die ja doch ganz verschiedenen Seinsbereichen angehören, überhaupt einheitlichen Regeln, die Ordnung und Organisation steuern? Nach welchen Gesichtspunkten ordnen und organisieren sich die Systeme? Wie sind Elemente und Prozesse miteinander verknüpft, wie voreinander abgeschirmt, damit es nicht zu Verlusten oder zu Vermengungen kommt? Es ist letztlich das geometrisch geordnete Miteinander von Verschiedenem, das es aufzuklären gilt.

Hier muß offensichtlich ein neuer Ansatz gewählt werden. In der vorliegenden Abhandlung soll versucht werden, sich aus geographischer Perspektive der Problematik zu nähern. Schon immer hatte es die Geographie mit dem geordneten Miteinander von Verschiedenem zu tun, und sie hat in den letzten hundert Jahren wesentlich zum Verständnis unserer natürlichen und sozialen Umwelt beigetragen. Der Verfasser hat speziell aus dem Blickwinkel der sozialwissenschaftlich orientierten Anthropogeographie Selbstorganisationsprozesse in der menschlichen Gesellschaft untersucht. Hier soll auf diesen Ergebnissen aufgebaut, dabei aber auch über den engeren Bereich des Faches hinausgeschaut werden, um die Gültigkeit der Darlegungen zu prüfen und auch, um die Nachbardisziplinen anzuregen, in dieser Richtung in ihrem Feld weiter zu forschen.

Ich danke allen, die mir die Arbeit an diesem Buch erleichtert haben, nicht zuletzt Herrn Dipl.Bibliothekar Fläschner, der mich bei der Literaturbeschaffung, wie schon bei früheren Gelegenheiten, unterstützt hat.

Saarbrücken, 1. Mai 1999　　　　　　　　　　　　　　　　　Dietrich Fliedner

Inhaltsverzeichnis

1. Das Problem... 9
2. Die Prozesse...11
2.0. Einführung: Zu den Begriffen System, Prozeß, Komplexität und Emergenz..11
2.1. Solidum und Bewegung..13
2.1.1. Ein Bauernhof in Wörpedorf, ein Ergebnis von (Handlungen als) Handgriffen...13
2.1.2. Bewegung und Handgriff..16
2.1.3. Folgerungen und weitere Beispiele...................................20
2.2. Gleichgewichtssystem und Bewegungsprojekt....................23
2.2.1. Ein Bauernhof in Wörpedorf, eine sich selbst ordnende Einheit....23
2.2.2. Komplexionsprozeß..25
2.2.3. Folgerungen und weitere Beispiele...................................29
2.3. Fließgleichgewichtssystem und Fließprozeß.......................34
2.3.1. Ein Bauernhof in Wörpedorf, eine sich selbst regulierende Einheit........34
2.3.2. Komplexionsprozeß..39
2.3.3. Folgerungen und weitere Beispiele...................................44
2.3.3.1. Innersystemische Prozesse..45
2.3.3.2. System und Komponenten..49
2.3.3.3. Soziale Struktur und soziales Handeln..............................51
2.3.3.4. Chaosforschung und verwandte Ansätze..........................56
2.4. Nichtgleichgewichtssystem und Arbeitstteiliger Prozeß........61
2.4.1. Ein Bauernhof in Wörpedorf, ein sich selbst organisierendes Organisat... 61
2.4.2. Komplexionsprozeß..67
2.4.3. Folgerungen und weitere Beispiele...................................71
2.4.3.1. Einige allgemeine Überlegungen......................................71
2.4.3.2. Soziale Nichtgleichgewichtssysteme..................................74
2.4.3.3. Biotische Nichtgleichgewichtssysteme...............................78
2.4.3.4. Anorganische und Technische Nichtgleichgewichtssyteme......79
2.5. Hierarchisches System und Hierarchischer Prozeß..............82
2.5.1. Ein Bauernhof in Wörpedorf, ein Teil einer Populationshierarchie......82
2.5.2. Komplexionsprozeß..86
2.5.3. Folgerungen und weitere Beispiele...................................90
2.5.3.1. Menschheit als Gesellschaft...91
2.5.3.2. Menschheit als Gesellschaft und Menschheit als Art.............98
2.5.3.3. Lebenswelt..99

2.6.	Universalsystem und Universalprozeß	103
2.6.1.	Ein Bauernhof in Wörpedorf, ein Teil des Ökosystems	103
2.6.2.	Komplexionsprozeß	107
2.6.3.	Folgerungen	112
3.	Rückblick	115
3.1.	Zusammenfassung	115
3.1.1.	Komplexität: Die Systemfolge	115
3.1.2.	Emergenz: Die Komplexionsprozesse	120
3.2.	Zum eingangs skizzierten Problem	121

Anmerkungen ... 123
Glossar ... 139
Register ... 149

1. Das Problem

Wie entsteht Ordnung aus Unordnung, Strukturiertes aus Unstrukturiertem, Gestaltetes aus Amorphem? In den letzten zwei Jahrzehnten haben Chaosforschung und Komplexitätsforschung diese neuen Untersuchungsfelder erschlossen. Viele Disziplinen haben sich daran beteiligt und zeitigten verblüffende Ergebnisse. Dabei spielte der Computer eine wichtige Rolle, er ermöglichte es, daß eine Menge von Elementen - meist aufgrund einfacher mathematischer Befehle -, sich unvorhergesehen und gleichsam von unten her zu neuen räumlichen Mustern von teilweise außerordentlicher ästhetischer Wirkung ordnen. In manchen Disziplinen zeitigten diese Forschungen neue Anwendungsmöglichkeiten, so in der Meteorologie, der Strömungsforschung, der Konjunkturforschung etc.

Daran knüpfte sich die Erwartung, daß auf diese Weise sich auch echte Selbstorganisationsprozesse simulieren lassen, d.h. daß komplexe Strukturen in Gesellschaft, Lebenswelt oder anorganischer Materie so eine Erklärung oder doch replizierbare Beschreibung erhalten. Inzwischen jedoch mehren sich die Anzeichen einer gewissen Ernüchterung. Wir stehen vor einer Fülle von Fakten, die in ganz unterschiedlichem Sinne in Modellen interpretiert und bewertet werden. Zwar gibt es Bemühungen, Zusammenhänge aufzudecken, aber es fehlt eine einheitliche theoretische Basis. Die Forschungen zu dieser Thematik scheinen nur noch langsam fortzuschreiten, es mangelt an neuen Impulsen, und es fragt sich, ob nicht vielleicht ein Wendepunkt erreicht ist.

Jedenfalls sind bisher selbstorganisierende und überdauernde Systeme bei all diesen Versuchen trotz z.T. großem Aufwand an Rechenkapazität noch nicht erklärt worden. Langsam wächst die Erkenntnis, daß solche Ziele einen anderen Ansatz verlangen. Man kann zwar den Computer veranlassen, daß die Elemente bestimmte Dinge tun und andere lassen, aber gibt es nicht zusätzlich übergeordnete Regeln, die die Abläufe steuern? Eine genaue Analyse der Prozesse ist erforderlich, die auch verständlich macht, welche Strukturen entstehen und wie sie einzuordnen sind. Die Begriffe Komplexität und Emergenz müssen somit auf eine breitere Basis gestellt, Systemtyp und Prozeßtyp müssen zusammen betrachtet werden.

Der stärkste Antrieb kam bis heute aus den Naturwissenschaften. Die Sozialwissenschaften (im weiteren Sinne) konnten die Methoden und Ergebnisse, wenn natürlich auch in abgewandelter Form, übernehmen. Nun fragt sich, ob nicht auch umgekehrt von den Sozialwissenschaften her Anregungen in die Diskussion gelangen können. In dieser Abhandlung soll aus sozialgeographischer Perspektive der Versuch gemacht werden, einen neuen Weg zu weisen. In dem dabei verfolgten Konzept spielt die Energie die entscheidende Rolle, ihre Verteilung und Umwandlung. Anfang dieses Jahrhunderts hatte bereits Ostwald die Kultur als Mechanismus zur besseren Ausnutzung der Energie beschrieben, ein Ansatz, der in seiner deterministischen Grundperspektive wenig Anklang fand.[1] In jüngerer Zeit, gerade vor dem Hintergrund des verstärkten Interesses an den Selbstorganisationsprozessen, wurden weitere Versuche unternommen, die aber nicht konsequent genug die Vorgänge analysierten.[2] Man gewinnt den Eindruck, als wenn nach wie vor naturwissenschaftliche Erkenntnisse auf soziale Strukturen und Prozesse angewandt werden. Sicher, gerade im Zuge dieser Forschungen erkannte man, daß es keine Tabu-Schranken zwischen Natur-, Sozial- und Geisteswissenschaften geben muß; denn auf einer allgemeinen Ebene sind durchaus Gemeinsamkeiten gegeben. Dies beflügelte ja gerade die interdisziplinäre System- und Komplexitätsforschung. Dennoch gibt es erhebliche Vorbehalte seitens der Sozial- und Geisteswissenschaften - nach den Erfahrungen der ersten Hälfte dieses Jahrhunderts, als biologistisches Gedankengut das politische Denken vernebelte, nicht ganz zu Unrecht.

Deshalb ist es geboten, die Untersuchung auf eine tiefere, den verschiedenen Wissenschaftsfeldern gemeinsame Plattform der Abstraktion zu bringen, mit dem Ziel, allgemeine Ergebnisse zu erreichen. Hier muß zunächst der Systembegriff in seinen verschiedenen Varianten abgeklärt werden. In den Mittelpunkt der Betrachtung sollten aber die Prozesse gestellt und dabei der Beobachtung Rechnung getragen werden, daß Prozesse in ihrem Fortschreiten nicht nur strukturell Änderungen hervorrufen - dies ist in den naturwissenschaftlichen Ansätzen hinreichend verdeutlicht worden -, sondern auch inhaltlich. Gerade die Betrachtung der qualitativ differenzierten Entwicklung der Prozesse erlaubt einen neuen Zugang zur Problematik der Komplexität und Emergenz, zur Strukturierung und Gestaltung von Gesellschaft und Natur. So wird in unseren Erörterungen dem Qualitativen eine Schlüsselstellung zugewiesen. Hierbei haben sich die (historischen und) Sozialwissenschaften schon immer als kompetent erwiesen.

Der Weg ist nun vorgezeichnet: Nach Klärung der für diese Fragen wichtigsten Begriffe werden die verschiedenen Grundtypen der Prozesse und Systeme vorgestellt. Die Darlegungen beginnen mit dem Einfachen und schreiten dann von Stufe zu Stufe zu immer höherer Komplexität auf. Sie beschränken sich weitgehend auf die Welt unserer Erfahrung, den Mesokosmos.[3] Dabei haben wir nüchtern zu fragen, welche Gesetze im Hintergrund stehen, Gesetze, die genereller Natur sind, denen die tote Materie und das Leben, die Natur und die Kultur gehorchen müssen.

Der Gedankengang soll an dem Beispiel eines kleinen Bauernhofs in Norddeutschland verdeutlicht werden, er wird aus verschiedener Perspektive - je nach Komplexitätsstufe - betrachtet. Ich hätte auch einen Industriebetrieb, ein Call-Center oder eine Stadt auswählen können. Jedoch, der Bauernhof bildet ein überschaubares System, über das mir zudem gutes Material vorliegt. Wir wollen versuchen, die entscheidenden Fakten herauszustellen, um dann aus dem Ergebnis allgemeinere Folgerungen zu ziehen und diese anhand weiterer Beispiele zu vertiefen. Um der Darstellung ein nachprüfbares Gerüst zu geben, sollen die Übergänge zwischen den einzelnen Komplexitätsstufen formalisiert werden. Der dafür entwickelte "Komplexionsprozeß" führt schrittweise von einer zur nächsthöheren Komplexitätsebene. Der Komplexionsprozeß stellt eine verallgemeinerte Version dessen dar, was unter dem Begriff Emergenz in der Literatur diskutiert wird. Um den Überblick zu erleichtern, wird die Gliederung in den einzelnen Kapiteln jeweils nach einem einheitlichen Schema vorgenommen.

2. Die Prozesse

2.0. Einführung: Zu den Begriffen System, Prozeß, Komplexität und Emergenz

Die Begriffe System, Prozeß, Komplexität und Emergenz sind Gegenstand von Untersuchungen aus den unterschiedlichsten Disziplinen. Eine befriedigende Antwort auf die Frage, was diese Termini beinhalten und was sie miteinander verbindet, wurde bisher aber noch nicht gegeben. Vielleicht kommt man ihr dadurch näher, daß man sie zunächst etymologisch vorstellt und ihnen dann im Rahmen einer einheitlichen Theorie ihren Platz zuweist.

Der Terminus "System" ist von dem griechischen "σύστημα" (sowie dem Verbum "συνίστημι") abgeleitet und bedeutet das (aus verschiedenen Teilen) "Zusammengestellte, die Vereinigung, die Gruppe".[4] In der Systemforschung wird das System mit Energie in Verbindung gebracht, die transportiert und/oder umgesetzt wird. Informationen positionieren und steuern die Substanzen und Energieflüsse in verschiedener Weise, ordnen die Teile (Elemente oder Komponenten; vgl. Kap. 2.3.3). Der Energiebegriff erhält eine zentrale Bedeutung - Energie in verschiedener Form, generell verstanden als die Fähigkeit, Arbeit zu leisten.

Es gibt einige Grundtypen von Systemen, die sich durch ihre verschiedene Art der internen Verknüpfung, ihren Grad an Autonomie und dann ihr Verhältnis zur Umwelt unterscheiden. Bei unseren Überlegungen muß geklärt werden, wie die Informations- und Energieströme verlaufen, wie sie miteinander verbunden und voreinander abgeschirmt werden, in welch substantieller Form die Energie transportiert wird, ob es Verteilungs- oder Umwandlungsprozesse sind. Der Begriff "Prozeß" leitet sich vom lateinischen "processus" ab, was mit "Fortschreiten, Fortgang, Fortschritt", oder von "processio", was mit "Vorrücken" übersetzt werden kann.[5]

Der Prozeß ist im Diskussionsfeld System-Komplexität neu zu bewerten. Er muß stärker in den Mittelpunkt rücken, die Prozesse erhalten oder verändern das System, das System bildet den Rahmen der Prozesse. Es sind oft offene Systeme, die Energie empfangen und weitergeben. Prozesse nehmen Zeit in Anspruch und benötigen Raum, sie bestimmen Bewegung und Veränderung. Alle Substanzen, Strukturen und Gestalten wandeln sich ständig, sind Werden und Vergehen unterworfen.

Die Prozesse haben einen Anfang und ein Ende, einen Ausgangspunkt und ein strukturell programmiertes Ziel (vgl. Kap. 2.4.3.1). Sie werden dadurch stimuliert, daß von anderen Systemen bestimmte Substanzen oder Produkte (als Energielieferanten) nachgefragt werden. Die Zielsetzung wirkt auf den Prozeß zurück. Es bildet sich eine Sequenz von Teilprozessen, die jeweils spezifische Bedeutung für das Ganze, das System, besitzen (vgl. Kap. 2.4.1). Dies findet konkret seinen Niederschlag in dem, was im Prozeß geschieht. Damit erhält die "Qualität" im Prozeßablauf für den Untersuchenden einen wichtigen Stellenwert. Die Art der

Produkte der Systeme müssen genau den Anforderungen der nachfragenden Systeme genügen, die Art der Energie muß an den Verknüpfungsstellen "passen".[6]

Dabei muß hier die hierarchische Struktur der Prozesse gesehen werden. Die Prozesse dienen im allgemeinen übergeordneten Prozessen, arbeiten diesen zu. Man kann in ihnen Stadien dieser übergeordneten Prozesse erblicken. Und außerdem: Die stadiale Struktur ist nur erkennbar, wenn man das Ganze kennt. Die Stadien der Prozesse wie auch die Elemente der Systeme haben immer eine Bedeutung, eine Aufgabe für das Ganze, das Einordnen der verschiedenen Teile muß immer auch in Übereinstimmung mit den anderen erfolgen. Der Untersuchende muß herausfinden, wie dies alles widerspruchsfrei zusammengepaßt. Nur wenn ihm dies gelingt, kann er sicher sein, das richtige Resultat gefunden zu haben.

"System", "Prozeß", und "Komplexität" sind aufeinander bezogen, denn Komplexität wird in Systemen und Prozessen realisiert. Es sind räumliche und zeitliche Gebilde, die sich geometrisch interpretieren lassen. Der Begriff "Komplexität" hat seine Wurzeln in dem Griechischen "πλέκω", was "flechten, stricken, drehen, schlingen, knüpfen" bedeutet, und im Lateinischen "complico", was mit "zusammenfalten, -wickeln, -legen" zu übersetzen ist.[7] D.h. daß lineare oder flächige Objekte miteinander verbunden und so umeinander angeordnet sind, daß sie etwas Zusammenhängendes bilden. Hier kann dies nur meinen, daß Prozesse miteinander verflochten sind und sich zu einem Ganzen zusammenfügen. Und dies, so die Minimalforderung, muß sich im Ganzen und im Detail studieren lassen.

Die verschiedenen Arten des Miteinanders der Elemente und Komponenten des Systems und der Teile der Prozesse deuten auf den Grad der Komplexität hin. Wir wollen versuchen, dies aufzuzeigen, indem wir Grundtypen von Systemen und Prozessen herausstellen und so zu einer in sich vollständigen Typologie gelangen.

Dabei kommt der Begriff der "Emergenz" zur Sprache. Das lateinische "emergo" bedeutet "auftauchen, auftauchen lassen, emporkommen, zum Vorschein kommen".[8] Hier meint es, daß aus einer Menge von Elementen eine neue Struktur hervorkommt, die aus den Elementen allein nicht erklärbar ist. In unserem Zusammenhang verbindet Emergenz den einen Systemtyp mit dem in der Skala der Komplexität nächsten Systemtyp. Die Emergenz ist also ein eigenständiger Prozeß, der von den Prozessen, die die Systeme selbst erhalten oder verändern, zu unterscheiden ist. Da dieser Prozeß eine Komplexitätsebene verläßt und eine neue Komplexitätsebene anstrebt, nennen wir ihn "Komplexionsprozeß".[9]

Es wird hier also, wie bereits in den vorgestellten Begriffen "System, Prozeß, Komplexität, Emergenz" zum Ausdruck kommt, der geometrische Aspekt betont. Im Folgenden wollen wir die Grundstrukturen dieser Gebilde vorstellen. In der Realität muß man sich natürlich eine enge Verschachtelung vorstellen, ein flexibles Verändern der Größen, der Abhängigkeiten, des Werdens und Vergehens. Aber nur, wenn man die Bausteine und die Konstruktionszeichnung besitzt, kann man ein neues Gebäude errichten, d.h. in unserem Fall, die komplexe Realität verstehen.

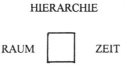

Abb. 1: Thema der 1. Komplexitätsstufe: Energieübertragung durch bewegtes Solidum. Die systemischen Dimensionen Energie, Zeit, Hierarchie und Raum bilden eine Einheit.

2.1. Solidum und Bewegung (vgl. Abb. 1)

2.1.1. *Ein Bauernhof in Wörpedorf, ein Ergebnis von (Handlungen als) Handgriffen*

Nördlich von Bremen erstreckt sich eine Niederung, die von einer großen Zahl von eigenartig schematisch gestalteten Siedlungen eingenommen wird. Im südlichen und westlichen Teil, beiderseits der unteren Wümme und der unteren Hamme, sind diese Gebiete eingedeicht. Hier werden weite Flächen von Niederungsmoor und Marschenschlick eingenommen. Im westlichen Teil, entlang der Hamme, breitet sich das Teufelsmoor aus, ein Hochmoor. Auch im östlichen Teil der Niederung bilden Hochmoore den Untergrund. Hier erstrecken sich das Lange und das Kurze Moor, beide sind durch die Wörpe voneinander getrennt.

Dieses Gebiet am Flüßchen Wörpe soll uns näher beschäftigen. Hier nehmen wir zur Illustrierung unseres Gedankenganges einen kleinen Bauernhof in Wörpedorf an, wie er in den 60er Jahren dieses Jahrhunderts beschaffen sein mochte (vgl. Abb. 2), bevor die Mechanisierung und Spezialisierung sowie der exzessive Einsatz von Kunstdünger und chemischen Unkraut- und Schädlingsbekämpfungsmitteln - vor dem Hintergrund des massiven Bedeutungsschwundes der landwirtschaftlichen Produktion - die Betriebe von Grund auf veränderten, sie teilweise ruinierten. Heute könnte man sagen, daß der Bauernhof wurde nach ökologischen Kriterien bewirtschaftet wird.

Dieser fiktive Bauerhof bearbeitet eine Fläche mit einer Größe von etwa 50 "Calenbergischen Morgen",[10] das sind knapp 13 ha. Die Parzelle bildet einen von Südosten nach Nordwesten verlaufenden Streifen von etwa 100 m Breite und 1 1/4 km Länge. Das südöstliche Kopfende wird von der quer verlaufenden Dorfstraße und - parallel zu ihr - einem Kanal markiert. An den Seiten flankieren Gräben die langgestreckte Parzelle. Im Südosten, nahe der Straße, liegt die Hofstätte. Die Parzelle wird der Länge nach in der Mitte von einem geradlinigen Weg erschlossen, der direkt von der Straße abzweigt und über den Kanal und an der Hofstätte vorbei in die Flur führt.

Die Hofstätte oder das Gehöft stellt ein Ensemble von Gebäuden dar. Das Hauptgebäude ist giebelständig orientiert. Die Wände bestehen aus Fachwerk, dessen Gefache von Backsteinen ausgefüllt sind. Das Dach ist tief herabgezogen und mit Pfannen gedeckt. Mit seinem großen Tor an der Giebelfront erscheint das Gebäude als verkleinertes Abbild eines niedersächsischen Bauernhauses. Ein oder zwei Schuppen oder Ställe kommen hinzu.

Die Parzelle wird teils als Feldland genutzt, teils als Wiese oder Weide. In einem anderen Teil wird Torf gestochen. Das unterschiedliche Niveau des Bodens auf dem gesamten Gelände zeugt davon, daß früher überall auf der Parzelle Torf gewonnen wurde. Die Menschen - eine Familie mit Kindern - bewirtschaften den Hof. Der Bau-

Abb. 2: Wörpedorf und Grasberg (Teilansicht). Ausschnitt aus der Topographischen Karte 1:25000, Nr. 2819 (Lilienthal), Ausgabe 1967. (Vervielfältigungserlaubnis vom 18.3.99.)
Legende:
1) Garten, 2) Feldland, 3) Grünland, 4) Moor, Torfstich, 5) Nasser Boden, 6) Buschwerk, einzelne Bäume

er wird von Arbeitskräften - den mithelfenden Familienangehörigen - unterstützt. Der Hof trägt sich ökonomisch selbst, er erwirtschaftet genügend Getreide, Hackfrüchte, Milch, Fleisch, Torf etc.

Das Anwesen ist Teil der Gemarkung von Wörpedorf (heute nach der Gebietsreform in den 70er Jahren zur Gemeinde Grasberg gehörig). Alle 51 Parzellen dieser Siedlung haben etwa dieselbe Größe, verlaufen parallel zueinander. Die Gehöfte liegen, wie unser Beispielhof, an der erwähnten Straße, direkt neben dem Kanal, und bilden so eine ca. 5 km lange Reihe. Da die Parzellen nicht genau senkrecht, sondern etwas schräg nach Norden verschoben von der Straße und dem Kanal abzweigen, erhält die gesamte Siedlungsfläche im Grundriß die Form eines Parallelogramms. Auch das rückwärtige Ende der Parzellen, an der Grenze zu den Gemarkungen Moorende, Seehausen und Tüschendorf, wird von einem Kanal (dem Tüschendorf-Worphauser Graben) markiert. Typologisch handelt es sich bei Wörpedorf um eine Moorbreitstreifensiedlung mit Hofanschluß (kurz, wenn auch nicht präzise, als Moorhufendorf bezeichnet). Nach Südosten schließt sich ein ca ½ km breiter Landstreifen an, der zur etwa parallel zur Dorfstraße verlaufenden Wörpe vermittelt.

Man kann dieses Siedlungsbild kausal erklären, wie es die Geographie im letzten Jahrhundert - bis weit in dieses Jahrhundert hinein - praktizierte. Der gegenwärtige Zustand der Kulturlandschaft in ihrer räumlichen Differenzierung ist demnach als Wirkung von Kräften zu interpretieren, deren Ursache zu finden gilt. Der genetischen Herleitung muß dabei ein Spielraum in die Vergangenheit eingeräumt werden,[11] allerdings ohne daß nach den Zwischenstadien, d.h. der Entwicklung, gefragt werden müßte.

Die Kulturlandschaft Wörpedorfs mit unserem Bauernhof verdankt nach dieser Sichtweise verschiedenen Kräften ihre heutige Form. Es sind einerseits die natürlichen, andererseits die anthropogenen Kräfte (oder Faktoren). Die gegebene Naturlandschaft wird von den Oberflächenformen, den Mooren und Flüssen bestimmt. In sie kam der Mensch und gestaltete sie nach seinen Wünschen. Der Lauf der Wörpe von Nordosten nach Südwesten zeichnete die Grundorientierung des Dorfes vor; die Dorfstraße verläuft parallel zum Flüßchen. Der hohe Grundwasserspiegel des Mooruntergrundes zwang zum Bau von umfangreichen Entwässerungsanlagen, die möglichst effektiv sein sollten. Die die Parzellen begrenzenden Gräben sind mit den Kanälen verbunden, die ineinander münden und dann zur Wörpe entwässern.

Gleichzeitig muß bei der Formung der Parzellen aber auch die Lebens-, d.h. vor allem die Wirtschaftsweise zur Erklärung herangezogen werden. Die Parzellen sind einerseits von der Hofstätte aus zugänglich (Hofanschluß), andererseits über das Wege-, Straßen- und Kanalnetz direkt von außen, vom Dorf mit den anderen Hofstätten. Alle Parzellen wurden bei der Gründung der Siedlung mit den Vorteilen und den Nachteilen des Geländes (d.h. dem Anteil an Moor- und Sandpartien) des Geländes gleichermaßen bedacht und an die öffentlichen Verkehrseinrichtungen angeschlossen, um Streitigkeiten zu vermeiden und um eine klare Basis für die Stimmengewichtung in den Dorfbewohnerversammlungen zu haben. Die Felder und das Grünland sowie die Torfstiche zeigen die Schwerpunkte der landwirtschaftlichen

Nutzung sowie das Bestreben der Gründer, jedem Landwirt eine Vollversorgung mit Lebensmitteln und Brennstoff zu sichern. Die Kanäle - sie dienen heute nur der Entwässerung - bildeten damals mit der Wörpe einen Teil eines Wasserwegenetzes, das die Siedlungen untereinander und - über Wümme, Hamme, Kleine Wümme, Kuhgraben und Torfkanal - mit Bremen verband. Auf kleinen Kähnen konnten Torf, aber auch Holz, Steine, Sand und andere Waren transportiert werden. Die schematische und perfekte Ausführung läßt auf eine sorgfältige Planung und staatliche Aufsicht schließen.

Durch historische Studien wurde die Entwicklung aufgehellt[12]: Der Ursprung dieser Siedlungen geht auf das 18. und frühe 19. Jahrhundert zurück. Wörpedorf entstand Mitte des 18. Jahrhunderts (vgl. Kap. 2.4.3.2). Es wurde im Zuge der Hannoverschen Moorkolonisation zusammen mit den ca. 50 anderen Siedlungen des Hochmoorgebietes nördlich von Bremen angelegt. Damals wurde vor dem Hintergrund eines wachsenden Bevölkerungsdrucks die vormals nur extensiv - von den Bewohnern der auf der benachbarten Geest gelegenen Dörfer - genutzten Moorflächen einer intensiveren Nutzung zugeführt. Die Wirtschaftsdoktrin des aufgeklärten Absolutismus verlangte eine volle Ausnutzung der Ressourcen des Landes, zum Wohle der Bevölkerung und des Staates. Man hatte die Techniken der Landwirtschaft beträchtlich verbessert, u.a. auch gelernt, das Moor vielseitig und dauerhaft zu nutzen, indem man den Moorboden mittels Gräben und Kanälen entwässerte. Der Torf ließ sich außerdem als Brennmaterial nutzen, wobei die Nähe zur Stadt Bremen als Abnehmer wichtig war. Nur durch eine gute Organisation der Kolonisierungsarbeiten war es möglich, das schwierige und von Natur aus wenig zur dauerhaften Besiedlung einladende Gelände zu erschließen.

2.1.2. Bewegung und Handgriff

Der Bauernhof erscheint so zusammen mit den anderen Bauernhöfen der Siedlung Wörpedorf als konkretes Gebilde, dessen Anlage und Form sich kausal begründen lassen. Das, was die Geographen früher als "Kräfte" bezeichneten, ist eine dem damaligen Methodenstand entsprechende, nach heutiger Art des Vorgehens aber nur unscharfe Bezeichnung für einen ganzen Komplex von Kräften, die auf ihre vor allem ökonomischen Aufgaben ausgerichtet sind. Im Zuge der Kolonisation wurden diese "Dauerhafte Anlagen" geschaffen, sie werden seitdem weiter gestaltet, dem jeweiligen Bedarf entsprechend. Dauerhafte Anlagen sind also vom Menschen geschaffene Formen, Bau- und Erdwerke, die für spezifische Zwecke den Rahmen abgeben (z.B. Gebäude, Straßen, Felder, Gräben). Sie geben der Kulturlandschaft ihr Gesicht. Der Mensch als Gestalter steht der Natur gegenüber. Beide "modellieren" das Landschaftsbild, verändern das Gegebene, versetzen es von einem Zustand in einen neuen. Wir wollen mit unseren Erörterungen die Begriffe Formung, Gestaltung etc. auf ihre Basis zurückführen. Betrachten wir also im Detail, was hier vor sich gegangen ist und vor sich geht:

Ob von natürlichen Kräften (Schwerkraft, fließendes Wasser, Wind, Vegetation etc.) oder vom Menschen, es müssen vorhandene Formen Stück für Stück verändert, d.h. in Teilen bewegt werden. Der Grundprozeß, den wir hier genauer betrachten müssen, ist die Bewegung. Wir sehen den Menschen als Verursacher. Der Bauernhof wurde mittels vieler Bewegungen vom Planer und Vermesser sowie vom Siedler bzw. Bauern entsprechend ihren Absichten geschaffen, und auch heute wird er vom Menschen durch seiner "Hände Arbeit" gestaltet und in Betrieb gehalten. Die Bewegung, die dies ermöglicht, ist die Handlung.[13] Sie müssen wir näher in ihrem Zusammenhang analysieren.

Beim Menschen kann die Handlung z.B. die Betätigung des Sprechorgans, der Arme, der Beine etc. sein, also nicht nur die Bewegung der Hand. Die Hände sind aber die bei weitem wichtigsten "Werkzeuge" des Menschen, mit denen er die räumliche Umwelt physisch verändert. Nur dadurch, daß etwas Gegenständliches, Substantielles wie ein Körperteil bewegt wird, kann die Handlung etwas verändern, kann Energie vom Körper auf die Umwelt übertragen werden. Wichtig ist, daß jede Handlung (wie auch jeder Prozeß) eines (substantiellen) "Trägers" bedarf, d.h. hier: eines Handelnden.

Handlungen müssen etwas in der Umwelt physisch bewirken; ein Gedanke allein genügt nicht, er wirkt sich nicht auf die Umwelt aus. Das Ausrichten der Sinne auf etwas in der Umwelt, z.B. das Richten des Augenmerks auf einen Gegenstand, ist noch keine Handlung, ebenso nicht das Grübeln über ein Problem. Wohl aber können solche im Psychischen begründeten Operationen Teil einer Handlung sein, nämlich dann, wenn eine physische Bewegung damit eingeleitet wird. Eine Handlung ist also eine vom Menschen (eventuell vorkonzipierte) durchgeführte Bewegung, die unter Einsatz von Kraft (Energie) etwas bewirkt, etwas anderes, z.B. einen Stein in der Umwelt, bewegt.

Diese Handlungen währen nur Sekunden, wir nennen sie Handgriffe. Bewegungen oder Handgriffe sind noch keine Prozesse. Sie interessieren hier nicht als zeitlich differenzierte Vorgänge, obwohl sie sehr kompliziert aufgebaut sein können; der Untersuchende fragt lediglich nach der Ursache und der Wirkung. Bewegungen bzw. Handgriffe bilden die Basis aller Prozesse (die in den folgenden Kapiteln näher beschrieben werden sollen).

Von ihnen müssen jene Handlungen unterschieden werden, die als Handlungsprojekte einen längeren Zeitraum in Anspruch nehmen, vielleicht Minuten oder Stunden oder Tage dauern. Bei ihnen handelt es sich um Prozesse. Mit einer Handlung im Sinne eines Handlungsprojekts wird z.B. ein Gerät repariert oder ein Feld gepflügt, d.h. ein vorgesehenes, eventuell weit entferntes Ziel verfolgt. Ein Handlungsprojekt wird im allgemeinen - wenn auch nicht immer (Instinkt etc.) - vom Bewußtsein gesteuert (über Handlungsprojekte vgl. Kap. 2.2).

Mit einer Handlung im Sinne eines Handgriffs - mit ihm beschäftigen wir uns in diesem Kapitel - wird zum Beispiel, wie gesagt, ein Stein verschoben, aber auch ein Schritt getan. Ein Handgriff dient nur einem augenblicklichen Ziel und ist vom Anfang bis zum Ende an eine Person gebunden, wenn meistens auch nur ein Teil des

Organismus beansprucht wird. Er erfolgt manchmal bewußt, gezielt, vielfach aber auch unbewußt (gleichsam automatisch, z.B. die Bewegung der Beine beim Gehen). Unter diesen Umständen sind mehrere Handgriffe gleichzeitig möglich.

Handgriffe führen dazu, daß sich die uns konkret darbietende räumliche Umwelt verändert, also in Form und Energiegehalt anders wird. Dabei mag sich der Mensch eventuell verschiedener Werkzeuge und Maschinen bedienen, eventuell aber auch direkt auf die Dauerhaften Anlagen einwirken. Diese werden so indirekt oder direkt genutzt und gegenüber dem vorherigen Zustand verändert. Generell gesprochen kann die Veränderung die Form, die Größe oder Quantität und Qualität der Gegenstände betreffen, ohne daß diese ihre Identität verlieren müssen. Dabei mag die Dauer oder die Geschwindigkeit der Veränderung variieren, ebenso mögen sich die Intensität und die Art der Veränderung unterscheiden.

"Veränderung" heißt "anders" machen oder werden. Dies geschieht im allgemeinen an Ort und Stelle, d.h. ein Gegenstand oder eine Örtlichkeit, auch eine Landschaft, wird in Form oder Inhalt durch einen Handgriff (wenn auch nur wenig) anders. Man kann die Veränderung eines Gegenstandes als Bewegung auf der Mikroebene betrachten, denn das sich Verändernde besteht aus Teilen, und die bewegen sich oder werden bewegt. Orts"veränderung" beinhaltet die Bewegung einer Person oder einer Sache im Ganzen von einem Punkt A zu einem Punkt B. "Bewegung" bedeutet, daß etwas auf den "Weg" (oder auch "weg") gebracht wird oder daß ein Teil einer Person oder eines Gegenstandes den Ort, d.h. seine räumliche Umwelt, verändert. Handgriffe sind vom Menschen durchgeführte Bewegungen. Der Begriff "Bewegung" ist also umfassender. Damit ist die Grundeinheit umrissen, von der aus Emergenz und Komplexität sich ableiten lassen.

Betrachten wir zunächst die Verschiebung des Steins:
Die Anregung kommt aus der Umwelt. Im Sinne eines übergeordneten Problems soll der Stein verlagert werden. Dieses übergeordnete Problem kann das Pflügen eines Feldes sein, also ein Handlungsprojekt; der Stein stört. Die Verlagerung des Steins erfolgt in der Umwelt, in der das Problem besteht. Wir bezeichnen diese die Bewegung anregende Umwelt als "Übergeordnete Umwelt".

Der Handgriff selbst wird vom Menschen durchgeführt. Es wird in unserem Beispiel ein Arm bewegt. Voraussetzung für die Möglichkeit, den Handgriff auszuführen, ist Energie. Sie kommt aus dem Körper, d.h. die Energiequelle ist außerhalb des eigentlichen Handgriffs lokalisiert, in einer anderen Umwelt. Diese Umwelt ist die "Untergeordnete Umwelt". Der Körper enthält also die nötige Energie, sie wurde ihm früher zugeführt. Der Vorgang, durch den dies bewirkt wurde (z.B. Einnahme von Nahrung), steht hier nicht zur Frage. Hier ist nur von Bedeutung, daß Energie zur Verfügung steht.

Das mit Informationen versehene bewegte Körperteil als das die Energie übertragende Gegenständliche, z.B. der Arm, ist der materielle Träger des Handgriffs (oder der Bewegung). Er gibt sich hier als Ganzes, das wir als "Solidum" bezeichnen wollen. Der Begriff kommt aus dem Lateinischen und bedeutet "Etwas Festes, fester Boden, feste Körper (pl.), das Gediegene"[14] und soll eine ungegliederte Einheit mit bestimmten Eigenschaften definieren. Das Solidum ist also noch kein System, ebensowenig wie die Bewegung oder der Handgriff einen Prozeß darstellen. Wir werden später sehen, daß bei Systemen diese Einheit aufgebrochen ist. Die Bewegung, d.h. der Handgriff, wird (bewußt oder unbewußt) von außen, den Umwelten (hier dem nachfragenden und Energie anbietenden Individuum) gesteuert.

Der bewegte Arm wird also aus der Übergeordneten Umwelt zu seiner gezielten Bewegung angeregt und von der Untergeordneten Umwelt mit Energie versorgt. Wir unterscheiden 4 Teile des Handgriffs:
1) Aus der Übergeordneten Umwelt wird Energie nachgefragt, um die Bewegung durchführen zu können.
2) Es wird die Untergeordnete Umwelt angeregt, die Energie zu liefern.
3) Die Energie wird dem Arm, dem Solidum, eingegeben.
4) Der Arm führt die Bewegung aus und verschiebt den Stein.
Damit ist der Handgriff, ist die Bewegung abgeschlossen. Es wurde etwas bewirkt, indem der Arm vom 1. Zustand, also vorher, zum 2. Zustand, also nachher, bewegt wurde. Auch dies sind Umwelten, die "Vorhergehende" und die "Nachfolgende Umwelt", zusammen die "Zeitliche Umwelt". Der bewegte Stein manifestiert die "Räumliche Umwelt" der Bewegung bzw. des Handgriffs.

Handgriff bzw. Bewegung sind letztlich von dem Handlungsprojekt initiiert worden, d.h. der Übergeordneten Umwelt. Der Stein gehört in die Räumliche Umwelt auch des Handlungsprojekts. So geht die Anregung zum Handgriff von der Übergeordneten Umwelt aus, die Energie gelangt dann von der Untergeordneten zur Übergeordneten Umwelt; denn nach dem Handgriff kann das Pflügen leichter erfolgen, es wird dort Energie eingespart.

Bei diesem Vorgang sind zu unterscheiden:
1. Die Nachfrage nach bzw. das Angebot an Energie (zwischen Übergeordneter und Untergeordneter Umwelt) beinhaltet
a) das Fehlen bzw. das Vorhandensein von Energie (ein potentielles Energiegefälle),
b) die Anregung als Anordnung, den Handgriff auszuüben bzw. die Befolgung dieser Anordnung, d.h. eine interne Hierarchie,
2. Die Bewegung, also der Handgriff (zwischen Vorhergehender und Nachfolgender Umwelt), beinhaltet
a) das zeitliche Nacheinander, das einen Anfang und ein Ende einschließt,
b) das räumliche Neben- (oder Hinter-)einander, das einen Ausgangs- und einen Zielort einschließt.
Bei der Bewegung, also dem Handgriff, bilden sie eine Einheit: Mit der Bewegung ändern sich der Energiegehalt (1) und das Anordnungs-/Befolgungs-Verhältnis (Hierarchie) (2), die Zeit (3) vergeht und es wird Raum (4) beansprucht. Sie repräsentieren Dimensionen. Das Solidum gibt die Anregung weiter und vermittelt die Energieübertragung. Wir werden im Verlaufe der Abhandlung feststellen, daß mit zunehmender Komplexität (Solida bzw.) Systeme sowie (Bewegungen bzw.) Prozesse entlang diesen Dimensionen sich "emanzipieren", ja, daß diese Emanzipation geradezu das Kennzeichen der Emergenz darstellt.

Übergeordnete Umwelt

4	1
3	2

Untergeordnete Umwelt

Abb. 3: Schema des Prozeßverlaufs einer Bewegung (eines Handgriffs). Dargestellt sind die 4 Teile einer Bewegung, den Quadranten eines Koordinatensystems zugeordnet. Die Ziffern symbolisieren die Abfolge (im Uhrzeigersinn). Vgl. Text.

Der Prozeß des Energietransfers kann in einem Koordinatensystem dargestellt werden (vgl. Abb. 3). Die y-Achse vermittelt zwischen Übergeordneter Umwelt (y-positiv) und Untergeordneter Umwelt (y-negativ), die x-Achse zwischen 1. Zustand (vorher, x-positiv) und 2. Zustand (nachher, x-negativ). D.h. es wird vertikal zwischen zuviel und zuwenig Energie vermittelt, horizontal zwischen 1. und 2. Zustand. Im (+x,+y)-Quadranten wird die Nachfrage nach Energie aus der Übergeordneten Umwelt während des 1. Zustandes vom Solidum empfangen, im (+x,-y)-Quadranten an die Untergeordnete Umwelt abgegeben, im (-x,-y)-Quadranten wird die Energie vom Solidum aus der Untergeordneten Umwelt empfangen, im (-x,+y)-Quadranten an die Übergeordnete Umwelt abgegeben: 2. Zustand. So wird das Koordinatensystem in mathematisch positivem Sinne durchlaufen:
1. Prozeßglied: F(+x,+y);
2. Prozeßglied: F(+x,-y);
3. Prozeßglied: F(-x,-y);
4. Prozeßglied: F(-x,+y).

In den einzelnen Quadranten können die Verläufe im Einzelnen dargestellt werden, das werden wir nicht weiter verfolgen, denn hier kommt es auf die Grundstruktur der Prozesse und deren Einbau in die Umwelten an. Es ist eine direkte Energieübertragung; das Solidum ist nicht in der Lage, Energie zurückzuhalten, dies ist erst im 2. Komplexitätsstadium möglich (vgl. Kap. 2.2).

Der Vorgang ist hier bewußt mechanistisch dargestellt worden, denn es soll deutlich werden, daß es nur um den Handgriff als Bewegung und seinen Einbau in die Umwelten geht. Die Umwelten - das anregende und energieliefernde Individuum - kontrollieren das Geschehen ganz.

2.1.3. Folgerungen und weitere Beispiele

Der Energiefluß, d.h. der Transfer von Energie von der Untergeordneten zur Übergeordneten Umwelt, wird durch einen Handgriff oder allgemein durch eine Bewegung (in zeitlicher und räumlicher Umwelt) ermöglicht, doch zum Transfer selbst bedarf es eines Substrats oder Mediums. Das Solidum ist ein solches Medium.

Es muß (z.B. beim Handgriff) bewegt werden. Zeit, Form, Energie und Raum sind hierbei unteilbar, wie gesagt, miteinander verbunden.

Ein Beispiel aus der anorganischen Natur: Es bestehe zwischen 2 Niveaus im Gelände ein Höhenunterschied. Ein Stein an der Kante des oberen Niveaus hat die Tendenz, bei einem geringen Anlaß zum unteren Niveau abzurutschen. Man kann es auch so sagen: Das untere Niveau zieht den Stein auf dem oberen Niveau (wegen der Schwerkraft) an. Wir sehen so in dem unteren Niveau die Übergeordnete Umwelt, also die potentiell Energie nachfragende Umwelt, und in dem oberen Niveau die Untergeordnete Umwelt, also die potentiell Energie anbietende Umwelt. Der Stein ist dann das Solidum, der die Energie von der Untergeordneten zur Übergeordneten Umwelt vermittelt, indem er abrutscht.

Grundsätzlich kann alles, was bewegt wird und anderes verändert, als Solidum betrachtet werden. Wenn die Solida nicht bewegt werden, erfolgt kein Energietransfer. In diesem Sinne ist alles Konkrete, die Räumliche Umwelt zu nennen, auch z.B. die Kulturlandschaft. Zur Zeit der Beobachtung erscheint sie als Ruhendes, das sich untersuchen läßt. Sie ist, wie bereits angedeutet (Kap. 2.1.2), als ein Ergebnis von unzählbar vielen Handgriffen und natürlichen Bewegungen zu interpretieren und stellt ein Archiv dar.[15] Jeder Handgriff hat irgendwelche Spuren hinterlassen. Er läßt sich für sich - hypothetisch - wie jede Bewegung untersuchen.

Aber natürlich gelangt man so nicht zu einer Erklärung der Formenwelt, die wir als Menschen wahrnehmen und die unsere für unser Leben maßgebende Umwelt darstellt, z.B. unsere Wohnung, ländliche oder städtische Siedlungen, Wege, Brücken, Felder, Bergbau- oder Industriegebiete. Doch gerade sie sind es, die eine Kulturlandschaft charakterisieren ebenso wie Täler, Berge, Ebenen eine Naturlandschaft. Man ist also veranlaßt, die Größenordnung der Betrachtung zu wechseln, in die Größenordnung der Formen. Alle lassen sich beschreiben, typisieren und miteinander vergleichen, kartographisch darstellen. Es sind Konkreta, die einer kausalen Erklärung zugänglich sind (vgl. Kap. 2.1.1). Entscheidend ist, daß es sich auch bei den Formen um Gebilde handelt, deren Schaffung von außen gesteuert und mittels Handgriffen bzw. Bewegungen geschaffen wurden. Es ist leicht zu erkennen, daß jede Form der gestalteten Umwelt sehr vielen Bewegungen ihre Existenz verdankt. Beispiele für natürliche Formen seien der Umgebung von Wörpedorf entnommen:

Natürliche Formen:

Die natürlichen Formen auf der Erdoberfläche, z.B. Gebirge, Täler, Schichtstufen, Terrassen, Endmoränen, sind auf endogene (gebirgsbildende und/oder vulkanische) und/oder exogene Kräfte (fließendes Wasser, Wind, Eis etc.) zurückzuführen.[16] Das trifft auch für die weite Niederung nördlich von Bremen zu.[17]

Diese Niederung erhebt sich im Norden bis auf etwa 15 m NN, senkt sich nach Süden langsam ab und unterschreitet bei Bremen in Teilen die Meeresspiegelhöhe. Sie erscheint in die ca. 20 - 40 m NN erreichende umgebende Geest eingesenkt und entwässert über Wörpe, Hamme und Wümme zur Weser. Etwa in der Mitte erhebt sich der Weyerberg mit der Siedlung Worpswede bis auf 50 m NN. Er gehört geologisch betrachtet zur Geest. Im Süden wird die Niederung von einem langen Dünengürtel abgeschlossen, der sich von Achim nach Nordwesten parallel zur Weser bis nach Lesum erstreckt, wo in einem schmalen Durchlaß die Wümme nach ihrer Vereinigung mit der Hamme zur Weser entwässert. Auf dem Dünenzug hat sich Bremen entwickelt.

Die die Niederung bedeckenden anorganischen und organischen Sedimente - Marsch, Sanddünen, Niederungs- und Hochmoor - haben sich im Holozän gebildet. Das große Flächen einnehmende Hochmoor entstand seit etwa 5000 v.Chr. (Atlantikum, heute als Schwarztorf nachweisbar) und nach einer Unterbrechung wieder seit etwa 500 v.Chr. (Subatlantikum, heute als Weißtorf nachweisbar). Es sind Bildungen vor allem des Sphagnummooses, das in Feuchtklimaten - wie während des Atlantikums und Subatlantikums - besonders gedeiht, zumal bei schlechten natürlichen Entwässerungsmöglichkeiten. Das Niederungsmoor ist vor allem im Süden verbreitet, es entstand unter dem Einfluß eines hohen Grundwasserspiegels im tiefsten Teil der Niederung. Der Schlickauftrag in diesem Gebiet (Flußmarsch) ist auf das Meer, vor allem auf Sturmfluten, zurückzuführen.

Nur an wenigen Stellen werden diese jungen Bildungen von sandigen Flächen unterbrochen, sie gehören zum pleistozänen Relief und setzen sich unter den holozänen Bildungen bis an den Geestrand fort. Der heute von Hamme, Wümme und Wörpe entwässerte südliche Teil der Niederung mündet in das bereits in der Saaleeiszeit geschaffene Aller-Weser-Urstromtal. Wahrscheinlich waren es die Schmelzwässer dieser Eiszeit, die die Niederung geformt haben. Durch Solifluktion in der Weichseleiszeit wurde das ganze Relief überarbeitet, so daß die Gegensätze zwischen der Niederung und dem umgebenden von Moränen gebildeten flachwelligen Hügelland gemildert wurden.

Ähnliche Formen bilden sich heraus, wenn die Entstehungsbedingungen ähnlich sind. Auch in entfernten Erdgegenden gibt es solche Formen wie die hier beschriebene Niederung nördlich von Bremen. Nur durch Vergleich wird ja auch Typologie möglich. Dasselbe gilt - entsprechend der Kausalmethode - auch für Dörfer gleichen Aussehens; z.B. gibt es Breitstreifensiedlungen mit Hofanschluß auch in ehemaligen Hochmooren in Ostfriesland. Wir können vermuten, daß ähnliche Kräfte am Werk waren, die die Ähnlichkeit der Formen verursacht hat. Aber dies Beispiel zeigt auch, daß bei anthropogenen Formen wie Siedlungen nur das Konkretum gemeint sein kann, der historische Prozeß als solcher verlief ganz anders. Insofern erlaubt die kausale Methode bei diesen vielgliedrigen anthropogenen Gebilden nur in erster Annäherung eine Erklärung.

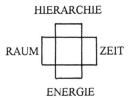

Abb. 4: Thema der 2. Komplexitätsstufe: Differenzierte Energieübertragung über Bewegungsprojekte im Gleichgewichtssystem (vgl. Abb. 1). Es gibt 2 systemische Dimensionen: 1) Zeit und Raum, 2) Energie und Hierarchie.

2.2. Gleichgewichtssystem und Bewegungsprojekt (vgl. Abb. 4)

2.2.1. Ein Bauernhof in Wörpedorf, eine sich selbst ordnende Einheit

Der im vorigen Kapitel (vgl. Kap. 2.1.1.) vorgestellte Bauernhof in der Siedlung Wörpedorf nordöstlich von Bremen besitzt eine für Bauernhöfe dieser Art charakteristische Gliederung der wirtschaftlichen Nutzung der Parzelle (vgl. Abb. 2):
- Das Gehöft, nahe der Straße gelegen, wird von einem Nutz- und Ziergarten umgeben. In ihm werden Gemüse, Obst und Blumen für den Eigengebrauch angebaut. Linden, Kastanien, Fichten beschatten das Haus. So ist die Hofstätte in Grün eingebettet und gibt - zusammen mit den anderen Hofstätten - dem Dorf ein charakteristisches Aussehen.
- Hinter dem Garten folgen die Felder. Sie werden vornehmlich mit Getreide - Roggen, Hafer, Gerste - bestellt, daneben auch mit Kartoffeln und Rüben. Diese Zone der Feldbewirtschaftung nimmt etwa die Hälfte der Parzelle ein.
- Im hinteren Teil der Parzelle herrscht Grünlandnutzung vor; z.T. weiden hier die Rinder in der warmen Jahreszeit (Weidenutzung), z.T. dienen die Flächen als Wiesen der Bereitstellung von Heu für die Stallfütterung im Winter.
- In der Flächennutzung mit diesen Grünflächen vergesellschaft, vorherrschend an der rückseitigen Grenze der Gemarkung in der Nähe des hinteren Kanals, finden sich Torfstiche. Gruben mit Wasserlachen und Haufen von zum Trocknen aufgeschichtetem Torf bilden ein bestimmendes Element dieser Zone. Früher wurde auf der gesamten Fläche, auch um die Hofstätte, Torf gegraben.[18]

Der Bauernhof wird hier also nicht nur als ein substantiell geformtes, kausal erklärbares Gebilde betrachtet, sondern auch in seiner internen Struktur und (qualitativ) funktionalen Aufteilung untersucht.

Versuchen wir auch hier, das Gesagte auf ein abstrakteres Niveau zu heben: Gehöft, Garten, Felder, Grünland, Torfabbauflächen etc. zeugen von einer Aufteilung der Bodennutzung. Das Muster dieser qualitativen Parzellennutzung, also die funktionale Gliederung der Parzelle, kommt dadurch zustande, daß der Bauer und die anderen Arbeitskräfte, jeder für sich, vor dem Problem stehen, im Rahmen der

Handlungsprojekte (wie Pflügen, Ernten etc. [vgl. Kap. 2.1.2]) ihre Arbeit so effektiv wie möglich zu verrichten.[19] Dies schließt die Eigenbewegung, d.h. den Transportweg von der Hofstätte zum zu bearbeitenden Areal ein. Die Übergeordnete Umwelt ist der Bauernhof, die Hofstätte der Ausgangspunkt, der sog. "Initialort" der Handlungsprojekte oder Arbeitsvorhaben, die in der Flurparzelle als dem eigentlichen Arbeitsgebiet zu verrichten sind. Nicht nur die Arbeit, sondern auch die Distanzüberwindung erfordert Zeit und beansprucht Raum. Jeder Punkt der Hoffläche gehört zum Arbeitsgebiet, muß aufgesucht und bewirtschaftet werden. D.h. daß bei jedem Handlungsprojekt der Transportaufwand zur eigentlichen Durchführung der Arbeit addiert werden muß. Bei beiden sind die Handgriffe die addierbaren Größen, Handgriffe umfassen ja auch die Maßnahmen, die zur Raumüberwindung erforderlich sind, also auch die Schritte von der Hofstätte zum Feld.

Die Handlungsprojekte sind personenbezogen. War beim Handgriff der Träger der Arm (oder ein anderes Glied des Körpers; vgl. Kap. 2.1.2), so ist der Träger des Handlungsprojekts das Individuum, es definiert die zielgerichteten Handlungsstränge, die eine bestimmte Funktion haben und der sich viele Handgriffe einfügen. Auf einem Bauernhof gibt es viele Handlungsprojekte, die in Bezug auf die Distanzüberwindung vom Initialort aus etwa denselben Aufwand erfordern. Das Ergebnis ist in der Summierung eine spezifische Ordnung der ganzen Parzelle, wie sie oben beschrieben wurde.

Dies bewirkt, daß die Früchte, die intensiverer Pflege bedürfen, d.h. deren Anbauareale häufig aufgesucht werden müssen, näher am Initialort angebaut werden als solche, die weniger Handgriffe zu ihrem Wachstum erfordern. So ist der Gemüsebau in unmittelbarer Nachbarschaft der Hofstätte lokalisiert, der Feldbau und die Grünlandwirtschaft dagegen in größerer Entfernung. Die Intensität des Anbaus ist somit in Hofnähe am größten, in größerer Entfernung geringer.[20] Wir bezeichnen die graduelle Abnahme der Flächenintensität mit der Entfernung von einem Initialort als "Weitwirkung".[21]

Raum und Zeit müssen also unter dem Aspekt der Weitwirkung zusammen betrachtet werden. Sie werden aus dem Gesamt des Energieübertragungsvorgangs zwischen Übergeordneter und Untergeordneter Umwelt, das beim Solidum noch eine Einheit darstellte (vgl. Kap. 2.1.2), herausgenommen und können deshalb flexibilisiert, den Umständen entsprechend individuell gestaltet werden. Die Energieabgabe (in die Arbeit) erfolgt zeitlich-räumlich unabhängig von der Energieaufnahme (des Individuums). Energieaufwand und zielorientiertes Vorgehen müssen in Einklang gebracht werden. Der Handelnde möchte etwas sachlich Definierbares erreichen, und das jederzeit mit energetisch vertretbarem Aufwand. Z.B. soll ein Feld gepflügt werden. Viele qualitativ unterschiedliche (von jeweils eigenen Initialorten ausgehende) Handlungsprojekte, die einerseits sich diesem übergeordneten Handlungsprojekt einfügen, andererseits aber auch aus zahlreichen Handgriffen bestehen, sind dazu nötig, so das Anspannen der Pferde, die Säuberung der Pflugschare, das Entfernen von Hindernissen, die Fahrt vom Initialort zum Feld, diverse Vorüberlegungen, das Ziehen der Furchen etc. Sie dienen alle dem einen Ziel, dem Umbruch des Feldes. Die Handgriffe sind es, die Energie verbrauchen. Während der Durchführung des Handlungsprojekts kann die Energie aus dem Organismus nacheinander nachgefragt werden, so wie dies die Ressourcen erlauben. Im Gegensatz zum Handgriff sind Energieverbrauch und Zeitverbrauch getrennt. Im Detail ist es dem handelnden Individuum selbst überlassen, die Vorgänge zu steuern, die Handgriffe so zu richten, daß es für ihn energetisch zweckmäßig, d.h. effektiv ist. Auf diese Weise kann das Projekt zuende geführt werden. Das Individuum kann sich so energetisch im Gleichgewicht halten. Wo und wann ein Handlungsprojekt durchgeführt wird, ist kein Platz für ein zweites. Insofern kann man sagen, daß die Arbeit auf dem Bauernhof aus der Summe seiner Handlungsprojekte besteht.

Verallgemeinernd kann man dem Begriff Handlungsprojekt den des Bewegungsprojekts zur Seite stellen. Dieser Begriff ist in Analogie zum Begriff Bewegung zu sehen und meint allgemein eine Vielzahl von Bewegungen (also auch Handgriffen), die sich zu einem übergeordneten abgrenzbaren Ganzen fügen (vgl. Kap. 2.2.3).

2.2.2. Komplexionsprozeß

Es leben mehrere Menschen auf dem Bauernhof zusammen. Jeder hat seine Arbeit, verfolgt seine Handlungsprojekte. Die funktionale Gliederung des Bauernhofes beruht auf einer raum-zeitlichen Ordnung der Handlungsprojekte (vgl. Kap. 2.1.2). So treten die Menschen als die die Handlungsprojekte ordnenden und als die für das Funktionieren des Bauernhofes Verantwortlichen in der Betrachtung stärker hervor als in der 1. Komplexitätsstufe, in der der Bauernhof lediglich als ein von zahlreichen Handgriffen geschaffenes Gebilde betrachtet wurde (vgl. Kap. 2.1.1).

Im Folgenden soll beschrieben werden, wie wir uns strukturell den Übergang vom Handgriff zum Handlungsprojekt vorzustellen haben. Dabei folgen wir Schritt für Schritt dem "Komplexionsprozeß" (vgl. Kap. 2.0). Es handelt sich um ein Modell, das die Entstehung der geometrischen Struktur der Systemtypen plausibel machen, das die Emergenz erläutern soll. Der Komplexionsprozeß vermittelt zwischen verschiedenen Ebenen der Komplexität, führt zu höherer Komplexität. Es lassen sich 4 Stadien erkennen, die sich durch ihre geometrischen Operationen unterscheiden.

$$\sum_{i=1}^{i=n} \begin{array}{c} 4\ 1 \\ 3\ 2 \end{array}$$

Abb. 5: Schema des Bewegungs-(Handlungs-)projekts im Bündelungsstadium. Zum Verständnis vgl. Abb. 3. Das Bewegungs-(Handlungs-)projekt beinhaltet n Bewegungen (Handgriffe). Dargestellt sind die 4 Teile einer Bewegung (eines Handgriffs), die Ziffern symbolisieren die Abfolge. Vgl. Text.

Bündelung (vgl. Abb. 5):

Man kann sich vorstellen, daß ein Individuum viele Handgriffe benötigt, um ein Handlungsprojekt zu realisieren. So besteht der 1. Schritt der Komplexion einfach aus dem (gedanklich) akkumulativen Zusammenfügen der Handgriffe, die für das Handlungsprojekt benötigt werden. Der Umfang des Handlungsprojekts wird so festgelegt. Schon 2 Handgriffe zusammen können, wenn sie einem gemeinsamen Ziel dienen, ein Handlungsprojekt darstellen, z.b. das Fangen und Weiterwerfen eines Balles, das Aufsetzen eines Hutes, das Winken einem abfahrenden Freunde. Meistens sind die Handlungsprojekte sehr viel umfangreicher. So dienen dem (schon öfters als Beispiel herangezogenen) Pflügen eines Feldes vielleicht Tausende von Handgriffen und untergeordneten Handlungsprojekten - vom Gang zum Stall über das Anschirren der Pferde, das Zurücklegen des Weges, das Ansetzen des Pfluges ins Erdreich und das Beseitigen eines im Wege liegenden Steins, bis zur Einstellung der Pferde nach getaner Arbeit.

Die Handgriffe sind, wie wir gesehen haben, abgeschlossene Bewegungen, die Energie übertragen, also die Umwelt verändern. Das Handlungsprojekt "Pflügen eines Feldes" erfordert aber zusätzlich Überlegungen, die als solche nicht als Handgriffe in Erscheinung treten. Sie sind aber Teil des Handlungsprojekts. Sie und die eigentlichen physikalischen Arbeitsleistungen müssen zusammengenommen werden. Dieses 1. Stadium des Komplexionsprozesses bezeichnen wir als "Bündelung".

Ausrichtung (vgl. Abb. 6):

Die auf das Ziel "Pflügen eines Feldes" hin orientierten Gedanken und Handgriffe sind energetisch in unterschiedlicher Weise einzuordnen. Sie fügen sich zu einer Einheit höherer Ordnung mit einheitlicher Orientierung. Es ergeben sich 4 Teilprozesse, wie bei der den Energieübertragungsvorgang beschreibenden Bewegung. Es liegt hier also gleichsam ein differenzierter überdimensionierter Handgriff vor:
1. Anregung (Nachfrage) aus der Übergeordneten Umwelt, dem Bauernhof: Alle stimulierenden Vorüberlegungen sowie alle ihnen dienenden Handgriffe gehören zum ersten Teilprozeß. Darunter fallen Planungen, Berechnungen etc. über das Vorgehen und den Einsatz der Tiere und Geräte, die Wahl des Weges etc.
2. Weitergabe der Anregung (Nachfrage) an die Untergeordnete Umwelt, den Energieressourcen des Menschen als des Trägers des Handlungsprojekts: Alle diese Über-

1 4	4 1
2 3	3 2
2 3	3 2
1 4	4 1

Abb. 6: Schema des Bewegungs-(Handlungs-)projekts im Ausrichtungsstadium. Zum Verständnis vgl. auch Abb. 5. Die gebündelten Bewegungen (Handgriffe) werden für den neuen Prozeß in 4 Gruppen sortiert. Ein neues Koordinatensystem (1. Ordnung) wird eingerichtet. In jedem Quadranten erscheinen für die gebündelten Bewegungen (Handgriffe) als Prozesse 2. Ordnung eigene Koordinatensysteme. Es sind nur die Achsen des Koordinatensystems 1. Ordnung eingetragen. Vgl. Text.

legungen und Handgriffe müssen mit den ihm zur Verfügung stehenden Energievorräten, kombiniert mit dem Tiergespann und erleichtert durch die Hilfsmittel und Geräte, möglich werden.
3. Energieaufnahme (Angebot) aus der Untergeordneten Umwelt: Das Individuum nimmt die für das Handlungsprojekt nötige Energie auf, auch unter Berücksichtigung des Tiergespanns und der Geräte.
4. Abgabe der Energie (Angebot) an die nachfragende Übergeordnete Umwelt: Die Arbeiten werden durchgeführt.

Diese 4 Teilprozesse beschreiben also das Handlungsprojekt als Energieübertragungsvorgang. Jeder der 4 Teilprozesse setzt sich aus Prozessen 2. Ordnung zusammen mit ebenfalls jeweils 4 Stadien, kleineren Handlungsprojekten wie die schon genannten Beispiele, der Vorüberlegung, des Anschirrens oder des Ziehens einer Furche. Sie lassen sich symbolisch als je ein Prozeß in einem Koordinatensystem darstellen:
1. Quadrant: $F(+x,+y)$;
2. Quadrant: $F(+x,-y)$;
3. Quadrant: $F(-x,-y)$;
4. Quadrant: $F(-x,+y)$.
Die Ziffern innerhalb der Quadranten geben die Reihenfolge der Prozesse 2. Ordnung an. Sie sind entsprechend ihrer Position in einem der Quadranten im Koordinatensystem 1. Ordnung angeordnet.
Dieses 2. Stadium des Komplexionsprozesses nennen wir "Ausrichtung".

Verflechtung (vgl. Abb. 7):

Nun gliedert sich das nach energetischen Gesichtspunkten ausgerichtete Handlungsprojekt neu, und zwar so, daß es eine raum-zeitliche Orientierung erhält (vgl. Kap. 2.2.1.). Kommen wir auf das Bild des Koordinatensystems zurück, das wir bei Behandlung des Energie übertragenden Solidums kennengelernt haben: Hier, beim Handlungsprojekt, also eine Größenordnung höher als der Handgriff, erfolgt eine Umkehrung, d.h. die vertikale Ziffernabfolge wird in die Horizontale gebracht. Es steht nun nicht mehr die Informations- bzw. Energieübertragung im Vordergrund, sondern das Nacheinander, dem Empfang folgt die Durchführung und die Abgabe. Oder anders ausgedrückt: Die Energie wird nachgefragt und kann dann vom System direkt abgegeben werden. Erst danach muß sie aus der Untergeordneten Umwelt wieder eingeholt werden. Die Informations- und Energieübertragung in der Vertikalen wird nun auf den (4-stadialen) Prozeßablauf abgerichtet. Es kommt zum Gegensatzpaar Übergeordnete - Untergeordnete Umwelt das Gegensatzpaar Vorhergehende - Nachfolgende Umwelt.

Nun erscheint also horizontal der Prozeß 1. Ordnung, das Handlungsprojekt, im Nacheinander. Jedem der 4 Stadien arbeiten die vertikal orientierten Prozesse 2. Ordnung zu, sie bringen die Energie ein. Beim Handgriff (Solidum) waren zeitlicher Ablauf sowie Energienachfrage und -angebot noch nicht getrennt.

a)

3 4	2 1
2 1	3 4
4 3	1 2
1 2	4 3

b)

4 3	2 1
1 2	3 4
2 1	4 3
3 4	1 2

Abb. 7: Schema des Bewegungs-(Handlungs-)projekts im Verflechtungsstadium. Zum Verständnis vgl. auch Abb. 6. Die vertikal ausgerichtete Abfolge wird horizontal orientiert. Darstellung der Umkehroperationen:
a) Umkehrung der jeweils 4 Ziffern umfassenden kleinsten Prozeßeinheiten (in den Quadranten);
b) Umordnung der Ziffern in diesen Prozeßeinheiten entsprechend der Position im Koordinatensystem 1. Ordnung. (Nur die Achsen im Koordinatensystem 1.Ordnung sind eingetragen.) Vgl. Text.

Das hier geschilderte, durch Umkehrung gekennzeichnete, 3. Stadium des Komplexionsprozesses bezeichnen wir als "Verflechtung"; durch die Umkehrung werden die vertikal orientierten Handgriffe in das horizontal orientierte Handlungsprojekt gleichsam eingeflochten.

Faltung (vgl. Abb. 8):

Durch die Zuarbeit der Prozesse 2. Ordnung entsteht im Kleinen eine hierarchische Struktur, ein System. Die hierarchischen Verknüpfungen sind zusammen mit den energetischen Verknüpfungen zwischen Übergeordneter und Untergeordneter Umwelt vertikal angeordnet. Nun werden die zuarbeitenden Prozesse 2. Ordnung aufgefaltet, so daß jeweils ihre Anfänge und Enden zusammenkommen und mit dem horizontal verlaufenden Prozeß 1. Ordnung vereinigt werden. Auf diese Weise werden die Prozesse 2. Ordnung vom Prozeß 1. Ordnung kontrolliert: erst dann wechselt der Prozeß 1. Ordnung von einem zum nächsten Stadium, wenn die zuarbeitenden Prozesse 2. Ordnung abgeschlossen sind.

◄———
4 3 2 1
1 2 3 4

2 1 4 3
3 4 1 2

Abb. 8: Schema des Bewegungs-(Handlungs-)projekts im Faltungsstadium. Zum Verständnis vgl. außerdem Abb. 7. Das Koordinatensystem wird aufgelöst, es entsteht das Schema eines Bewegungs-(bzw. Handlungs-)projekts. Nun erfolgt die Faltung. Dabei wird der untere Teil links neben den oberen gesetzt und dann an einem (gedachten) Scharnier hinter den oberen Teil geklappt. Der Pfeil zeigt den Verlauf des Prozesses 1. Ordnung. Vgl. Text.

Wir bezeichnen dieses 4. Stadium des Komplexionsprozesses als "Faltung". Durch sie werden die Koordinatensysteme 2. Ordnung aufgelöst. Der horizontal verlau-

fende Prozeß 1. Ordnung erscheint als Prozeß mit 4 Stadien ("Adoption", "Produktion", "Rezeption", "Reproduktion"). Wie die obere Zeile erkennen läßt, führt der Prozeß von rechts nach links. Die Prozesse 2. Ordnung sind dagegen vertikal angeordnet. Sie sind einander entgegengerichtet. Die 4 Stadien beinhalten:
1. Adoption: Das System, das Individuum, empfängt aus der Übergeordneten Umwelt, also dem Bauernhof, die Nachfrage nach Energie (die Anregung, dann Vorüberlegungen, Entscheidungen, Planung des Handlungsprojekts "Pflügen des Feldes");
2. Produktion: Das System erledigt den Auftrag, gibt die in ihm enthaltene Energie an die Übergeordnete Umwelt ab (die Konkretisierung des Handlungsprojekts, d.h. die Vorarbeit auf der Hofstätte, Anfahrt, die eigentliche Feldarbeit und die Rückfahrt);
3. Rezeption: Das System fragt bei der Untergeordneten Umwelt (hier bei dem das Individuum versorgenden Bauernhof) Energie für sich nach (es muß Energie ersetzt werden, wegen Erschlaffung des Körpers nach einer Reihe von Handgriffen und untergeordneten Handlungsprojekten, wegen der Tageszeit etc.);
4. Reproduktion: Das System empfängt aus der Untergeordneten Umwelt Energie für sich (Reparatur der Geräte, Nahrungsaufnahme und Erholung für Mensch und Tier, Reparatur der Geräte).

Damit ist ein System entstanden, ein Gleichgewichtssystem. Es ist in der Lage, Energie zu speichern, d.h. es kann gleich entsprechend der Anregung agieren und später Energie aufnehmen. In unserem Beispiel ist das Individuum, insofern es dieses Handlungsprojekt ausführt, der Träger des Systems. Die die einzelnen Handgriffe ausführenden Glieder sind die Elemente des Systems. Das System Individuum kann sich im Gleichgewicht halten, indem es sich und die in dem Handlungsprojekt jeweils involvierten Teile des Organismus nicht überfordert.

2.2.3. Folgerungen und weitere Beispiele

Das Gleichgewichtssystem befindet sich mit seinen Elementen, wie dargelegt, im energetischen Gleichgewicht.[22] Im Zuge des Handlungs-(Bewegungs-)projekts ordnen sich System und Elemente in Raum und Zeit. Es besteht eine lineare Beziehung zwischen beiden, das Ganze ist die Summe der Teile. Wird ein Element herausgenommen, wird das System entsprechend kleiner.

Es ist naheliegend, daß bei Untersuchungen solch geordneter Strukturen die kausale Erklärung nicht viel Sinn macht. Es ist angemessener, das Explanandum in seine sachliche Umgebung, d.h. den Sinnkontext einzuordnen, um zu verstehen ("Hermeneutik"). Dabei muß alles vorhandene Wissen über die zu erklärende Sache in einen kohärenten, logisch und inhaltlich stimmigen Zusammenhang gebracht werden, um seinen Sinn zu erkennen.[23]

Das Gleichgewichtssystem tritt uns in 2 Formen entgegen: als System mit ruhenden (oder chaotisch sich bewegenden) Elementen und als System mit (gerichtet) bewegten Elementen. Sie sollen im Folgenden nacheinander dargestellt werden.

Systeme mit ruhenden (oder chaotisch sich bewegenden) Elementen:

Alle Elemente sind nebeneinander angeordnet, die Elemente gleicher Art bilden Merkmalsgruppen. Beginnen wir wieder mit einer Betrachtung des Bauernhofs: Die einzelnen Felder und Gärten haben ihre spezifische Funktion im Gesamt des Bauernhofs. Sie lassen sich so qualitativ gruppieren. Betrachten wir - quer zur Längsachse der Parzelle - die verschiedenen Felder mit gleicher Anbaufrucht, so gelangen wir zu homogenen Arealen, und diese setzen sich in die benachbarten parallel verlaufenden Parzellen fort, so daß wir in der ganzen Gemeinde - wenn auch nicht geschlossene - Streifen mit gleichartiger Bodennutzung feststellen: Die Gehöfte lassen sich zu solchen Streifen vereinen, die Gärten, die Grünlandflächen etc. Wir kommen so zu kleinen streifenförmigen Regionen mit gleichartig genutzten Flächen. Die Summe der Einzelflächen bilden Merkmalsgruppen oder -klassen, also eben Gruppen oder Klassen von Elementen mit einheitlichen Merkmalen. Weitere Beispiele sind Gebiete mit einheitlicher landwirtschaftlicher Nutzung wie das Weizen-Zuckerrüben-Anbaugebiet der Soester Börde oder das Winterweizenanbaugebiet der Great Plains in den USA, aber auch Areale mit gleicher Bebauung in den Städten (z.B. Bankenviertel) oder Regionen mit Gemeinden gleicher Wirtschaftsstruktur (z.B. Industriegebiete). Diese Regionen können wieder in sich unterteilt sein, wenn speziellere Merkmale gefragt sind.

Dringt man bei der Analyse einer Landschaft tiefer ein, so stellt man fest, daß sie im Einzelnen aus ganz verschiedenen Merkmalsgruppen oder -klassen besteht, die sich statistisch nach verschiedenen Gesichtspunkten untersuchen lassen. Auf diese Weise erhält man Auskunft über die funktionale Gliederung der Flächennutzung (im weitesten Sinne) und der Bevölkerung. In sich gleichartige Regionen, die sich durch ein Merkmal auszeichnen, sind im Sinne dieses Merkmals also Gleichgewichtssysteme.

Beispiele von anorganischen Gleichgewichtssystemen dieses Typs:
- Alle Moleküle einer Flüssigkeit; sie üben zwar jedes für sich heftige Bewegungen aus (Brownsche Bewegung), doch das System als Ganzes ruht z.B. in einem Gefäß;
- Sandhaufen, die Elemente sind die Sandkörner;
- Eisblume; es setzen sich bei geeigneten Bedingungen immer neue Eiskristalle an die schon vorhandenen, doch die einmal gebildeten Kristalle ruhen.

Diese Gleichgewichtssysteme können vergrößert oder verkleinert, es können Elemente hinzugefügt oder abgezogen werden, ohne daß die übrigen Elemente berührt werden.

Der Zusammenhalt des Gleichgewichtssystems ist wichtig. Nur jene Merkmalsgruppen, die von außen her veranlaßt werden, sich räumlich zu konzentrieren und untereinander - durch Nachbarschaftskontakte - verbunden sind, bilden Gleichgewichtssysteme. Bei ihnen sind die energetischen Umweltbedingungen über die Fläche gleich, in unseren Beispielen die Schwerkraft und die kalte Fensterscheibe sowie, um auf das Moorgebiet nördlich von Bremen zurückzukommen, die einheitliche Bodenfruchtbarkeit in einer Region. Andererseits bilden gleiche Formen oder Gegenstände, die nicht in Kontakt miteinander stehen, keine Gleichgewichtssysteme. So bilden z.b. Moorsiedlungen im Langen Moor bei Bremen und Moorsiedlungen im Emsland, Menschen gleicher Größe in A-Dorf und B-Dorf, oder einzelne Gemeinden mit gleicher Wirtschaftsstruktur in Niedersachsen und Bayern zwar Merkmalsgruppen, aber keine Gleichgewichtssysteme.

Systeme mit gerichtet sich bewegenden Elementen:

Kennzeichnend für diesen zweiten Gleichgewichtssystemtyp ist, daß eine zusätzliche horizontale Kraft auf das System einwirkt, daß alle Elemente des Systems bewegt werden. Hier ist z.b. die Tephra zu nennen, die aus einem Vulkan ausgestoßen wird. In der Nähe gelangen große "Bomben" zur Ablagerung, mit wachsender Distanz nimmt der Anteil der Feinpartikel zu, bis ganz außen nur noch Staub sedimentiert wird. Eine ähnliche Sortierung läßt sich bei Schwemmfächern beobachten; am Gebirgsfuß werden Geröll und grobe Schotter abgelagert, nach der Ebene zu Sande und schließlich nur noch Tone. Die Teilchen lassen sich als Elemente von Gleichgewichtssystemen interpretieren, sie werden von einer übergeordneten asymmetrischen Struktur in der energetischen Umwelt gelenkt, die über Distanz anzieht oder abstößt. Sie bewirkt ein Gefälle (Weitwirkung), in unseren Fällen ist es offensichtlich im Gelände erkennbar. Dadurch werden Bewegungsprojekte initiiert, die das Gefälle auszugleichen versuchen. Der Zwang zur Durchführung der Bewegungsprojekte kommt also von außen. Die Elemente bewegen sich selbst in ihre Ruheposition - entsprechend der Schwerkraft.

Die asymmetrische Struktur kann aber auch verborgen sein, so bei ökonomisch motivierten Bewegungsprojekten, d.h. bei Handlungsprojekten. Auch hier gehen alle Elemente von einem Initialort aus oder/und sind auf ein Ziel ausgerichtet. Kommen wir wieder auf den Bauernhof zurück:

In der Parzellengliederung unseres Beispielhofes in Wörpedorf spiegelt sich die Häufigkeit der Nutzungsaktivitäten oder Handgriffe wider (vgl. Kap. 2.2.1). Im Haus und im Garten verbringen der Bauer und die Mithelfenden Familienangehörigen die meiste Zeit, die Felder werden seltener aufgesucht, und in den Außenbezirken halten sich die Leute am wenigsten auf. Die Handlungsprojekte sind, wie dargelegt, entsprechend der Weitwirkung vom Initialort aus ausgelegt.

Es kommt dabei auch auf die Lage des Initialortes im Verhältnis zum eigentlichen Arbeitsgebiet an. Liegt der Initialort - wie bei dem erwähnten Bauernhof - an einem Ende eines langgestreckten Streifens, so ist eine lineare Abnahme der möglichen Nutzungsintensität zu erwarten. Liegt er aber in der Mitte einer kompakt gestalteten Parzelle, so nimmt die potentielle Nutzungsdichte mit wachsender Entfernung vom Initialort in nichtlinearer Weise ab, in Hofstättennähe rasch, dann mit wachsender Entfernung immer langsamer. Hier kommt noch eine weitere Tendenz in der Weitwirkung hinzu. Jeder Bauernhof hat ein bestimmtes Produktionsziel, d.h. der Bauer möchte von bestimmten Früchten bestimmte Mengen anbauen. In einer die Hofstätte umgreifenden Parzelle ist in Nähe der Hofstätte als dem Initialort weniger

Platz gegeben als in größerer Entfernung. Dies verstärkt noch die Tendenz, die Intensität des Anbaus in Hofstättennähe zu erhöhen, um höhere Erträge zu erzielen und damit weniger Aufwand für die Distanzüberwindung betreiben zu müssen - im Gegensatz zu den weiter entfernten Arealen, die extensiver als es bei linearer Abnahme geboten sein würde, genutzt werden. Dort steht ja genügend Fläche zur Verfügung.[24]

Ein anderes Beispiel in einer anderen Maßstabsebene: eine Stadt und ihr Umland. Am besten untersucht sind die Pendler.[25] Sie sind in Nähe der Städte wesentlich häufiger anzutreffen als in größerer Distanz. In einem Kranz um die Stadt sind die Werte in deren unmittelbarer Nähe am höchsten, nach außen zum flachen Land nehmen sie erst rasch, dann immer langsamer ab. Ein ganz ähnliches Bild ergibt sich bei der Zuwanderung der Bevölkerung in eine Stadt. Man spricht hier von einem Feld.[26]

Dagegen wirkt sich die Asymmetrie der Struktur bei der wirtschaftlichen Bodennutzung nur indirekt aus. Wie bei dem Bauernhof in Wörpedorf erkennt man eine sehr arbeits- und flächenaufwendige Nutzung in der Nähe des Initialortes, also hier der Stadt (z.B. Abmelkwirtschaft, Gemüsebau, Gärtnerei), in größerer Distanz dagegen Felderwirtschaft verschiedener Ausprägung ("Thünensche Ringe").[27] In der Stadt selbst können wir verschiedene Viertel erkennen, die sich durch ein Vorherrschen bestimmter Nutzungen auszeichnen, so die City (oder der CBD) mit dem Bankenviertel, dem Geschäftsviertel, Theaterviertel etc., weiter außerhalb ein Ring von Wohnvierteln mit dichter Bebauung, und am Stadtrand große Areale, die von Industriebetrieben eingenommen werden.[28] Die Intensität der Nutzung ist im Stadtzentrum am höchsten, sie nimmt nach außen zu zunächst rasch, dann - entsprechend dem Weitwirkungsprinzip - langsamer ab.

Zu einer Erklärung dieser Struktur im Detail zieht man zweckmäßigerweise verschiedene weitere Kriterien hinzu, z.B. die Bodenpreise, das Stadtklima, die Arbeitsplatzverteilung, die raum-zeitliche Distanz, die Entstehungsgeschichte der Stadt etc.

In all diesen Fällen bewegen sich die Elemente, es besteht zwischen einem Initialort und dem übrigen System eine Zeit und Energie (sowie Kosten) zehrende Beziehung. Die Städte erweisen sich als zentrale Orte, die Umländer (Einflußgebiete) versorgen, z.T. aber auch von diesen selbst versorgt werden.[29] Das bewirkt eine horizontale Differenzierung. Hinzu kommt aber auch eine vertikale Differenzierung: Es hat sich eine Hierarchie zentraler Orte herauskristallisiert, wobei die höherrangigen ein größeres Umland versorgen, mit einem weiten Angebot von Diensten aller Art, während die zentralen Orte niederen Ranges einfachere, dafür aber häufiger benötigte Dienste anbieten, näher am Kunden. So finden sich z.B. in höherrrangigen zentralen Orten Einkaufsstraßen mit Warenhäusern und vielen Spezialgeschäften, Theater, Museen, Landesbehörden, Flughafen etc., in zentralen Orten niederen Ranges dagegen kleinere Geschäfte mit Waren des täglichen und periodischen Bedarfs, Ärzte, Rechtsanwälte etc. Freilich, vor allem mit der Zunahme des Individualverkehrs, dringt der Einzelhandel mit Supermärkten auch in die kleineren Orte ein. Das System der zentralen Orte unterliegt ständig einem starkem Wandel, dabei kann es auch zu Vertauschungen der hierarchischen Ebenen kommen.

Diese Strukturen lassen sich auf unüberschaubar viele Einzelentscheidungen zurückführen (Bauern, Geschäftleute, Pendler etc.). In jedem Fall haben wir es mit Handlungs- oder Bewegungsprojekten zu tun, die durch die spezifischen Rahmenbedingungen, d.h. die Weitwirkung eines Stadtzentrums, der Wohnungen, der Arbeitsplätze etc., eine einheitlich wirkende Großstruktur zum Ergebnis haben. Es werden Gleichgewichtssysteme erkennbar, die Handelnden und über den Wohn- bzw. Standort Entscheidenden (Individuen, Betriebe) besitzen bestimmte Funktionen für das ganze System. Gleichgewichtssysteme passen sich den Zwängen an, indem sie bzw. ihre Elemente in sich den raum-zeitlich günstigsten Weg suchen, im horizontalen Ausgleich. Das System ordnet sich so selbst. System und Elemente gewinnen mehr Selbständigkeit gegenüber der Übergeordneten und der Untergeordneten Umwelt. So erweist sich das Gleichgewichtssystem als eine bedeutende Ordnungskomponente in unserer Realität.

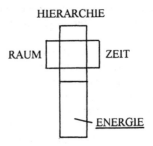

Abb. 9: Thema der 3. Komplexitätsstufe: Energieverteilung mittels Fließprozesse im Fließgleichgewichtssystem (vgl. Abb. 4). Die Prozesse werden entsprechend der systemischen Energie-Dimension optimiert.

2.3. Fließgleichgewichtssystem und Fließprozeß (vgl. Abb. 9)

2.3.1. Ein Bauernhof in Wörpedorf, eine sich selbst regulierende Einheit

Die Handlungsprojekte, die wir im vorigen Abschnitt (vgl. Kap. 2.2) behandelt haben, sind die individuellen Arbeitsvorhaben auf dem Bauernhof. Was und mit welchem Aufwand in der Flur und in der Hofstätte gearbeitet wird, ist allerdings nicht nur von den Bedürfnissen der Menschen auf dem Hof abhängig, sondern vor allem von der Nachfrage des Marktes (Übergeordnete Umwelt). Umgekehrt können diese Arbeiten nur dann Erfolg haben, wenn Aussicht besteht, die nachgefragten Stoffe auch anbieten zu können. Dies hängt nicht nur vom Fleiß der Bauern und der Arbeitskräfte ab, sondern auch von den Bodenverhältnissen, dem Wetter und den Möglichkeiten, Hilfsstoffe (z.b. Dünger), Maschinen etc. zugeliefert zu bekommen (Untergeordnete Umwelt). So sind die horizontal (raum-zeitlich) orientierten Handlungsprojekte vertikal (zwischen Übergeordneter und Untergeordneter Umwelt) verankert.

Die Übergeordnete Umwelt fragt Nahrungsmittel nach, Getreide (Weizen, Roggen, Gerste, Hafer etc.), Hackfrüchte (Kartoffel, Rüben, Gemüse etc.), Fleisch (Rind, Schaf, Schwein, Huhn etc.) und andere Tierprodukte (Milch, Wolle, Eier etc.), vielleicht auch Torf, aus Weide geflochtene Körbe etc.[30] Der Bauer muß überlegen, ob er sich an der Befriedigung der Nachfrage des Marktes beteiligen will, wenn ja, in welchem Umfang, dann, wie und wo in seiner Parzelle er dies realisieren will. Es ist nicht selbstverständlich, daß der Boden auch Erträge liefert. Ihn muß der Bauer entsprechend der Nachfrage und den Möglichkeiten seiner Arbeitskräfte erst mittels bestimmter Techniken und durch Eingabe von Saat- und Pflanzgut veranlassen, die gewünschte Frucht zu produzieren.

Die Untergeordnete Umwelt erlaubt aber auch dann nur für eine begrenzte Zahl von Produkten ausreichende Ernten. Der Boden in Wörpedorf (verwitterter Hochmoortorf) ist schwierig.[31] Er ist naß, kalt und sauer, der Grundwasserspiegel ist hoch, ständige Entwässerung ist nötig. Um überhaupt eine tragfähige Landwirtschaft betreiben zu können, müssen die Gräben von den Landwirten ständig vom Unkraut freigehalten werden. Kartoffeln und Weizen gedeihen nicht gut, Wintergetreide ist problematisch. Bessere Aussichten zeitigen Roggen und Hafer sowie Gemüse. Insbesondere ist Dauergrünland den Naturverhältnissen angepaßt. Die Ernten schwanken wegen der natürlichen Bedingungen, sie sind vor allem von den Witterungsbedingungen abhängig.

Werden wir etwas grundsätzlicher: Um der Aufgabe, dem Boden die nachgefragten Materialien, d.h. Energie, zu entnehmen, möglichst optimal gerecht zu werden, hat der Bauer verschiedene Techniken entwickelt. Damit wird es möglich, die einzelnen Handlungsprojekte gezielt und kontrolliert einzusetzen. Zunächst ist die Flur in kleine Flächen aufzuteilen. Man könnte, wenn man nur die Abnahme der Intensität vom Initialort entsprechend der Weitwirkung (vgl. Kap. 2.2..) zugrunde legt, glauben, daß - schreitet man von der Hofstätte die Parzelle entlang bis zum hinteren Ende - die Früchte kontinuierlich wechseln, von dem Gemüse direkt an der Hofstätte als Initialort über das Getreide bis zum Gras. Es würden also mehrere Früchte in Gemengelage aufwachsen, so daß die Übergänge von einer Intensitäts- in die nächste Intensitätszone fließend wären.

Tatsächlich aber bietet sich das bereits geschilderte (vgl. Kap. 2.2.1), uns allen vertraute Bild von Beeten, Feldern und abgegrenzten Wiesen- und Weideflächen. Sie demonstrieren eine Tendenz zur Separation und Konzentration der Aktivitäten. Die Bearbeitung des Bodens muß in in sich einheitlichen und klar umgrenzten Flächen vorgenommen werden. Denn sowohl die Bodenbearbeitung als auch die Ernteaktivitäten sind für die verschiedenen Früchte spezifisch, so daß die Effektivität der Arbeiten so sehr viel höher ist als wenn die Früchte vermengt aufwüchsen. Ausserdem fragt der Markt bestimmte Mengen jeweils eines Produkts nach, der Bauer muß den Überblick behalten und kalkulieren können.

Überhaupt läßt sich sagen, daß durch die Dauerhaften Anlagen wie eben die umgrenzten Beete und Felder sich der Bauer der Umwelt anpassen und diese nutzen kann. Auch die Hofstätte ist entsprechend der zu verrichtenden Arbeit aufgegliedert, in Schuppen, Ställe, Scheunen, Kammern, das Wohnhaus in Zimmer. Und nicht zuletzt können auch Wege, Gräben oder Kanäle hier genannt werden. Sie zwingen die Handlungsprojekte in vorgegebene Areale, so daß die Untergeordnete Umwelt geordnet und kontrollierbar genutzt werden kann. Man kann diese kleinsten funktionalen Einheiten der Dauerhaften Anlagen als "Tope" bezeichnen.[32] Der Bauer prüft, ob die Untergeordnete Umwelt der Tope den gewünschten Ertrag bringen. So hat sich intern ein Markt gebildet, in dem der Bauernhof als Ganzes als Nachfrager (Übergeordnete Umwelt), die Untergeordnete Umwelt der Tope als Anbieter erscheinen.

Es sind also 2 Größenordnungen zu unterscheiden, einerseits der Bauernhof als Ganzes, der viele Tope enthält, sowie andererseits die einzelnen Tope. Der Bauernhof als Ganzes wird von der Familie bewirtschaftet. Die Übergeordnete Umwelt ist der Markt, die Untergeordnete Umwelt der Boden mit seinen Ökosystemen. Das Top wird von einer Gruppe der Familie in bestimmten Zeiten bearbeitet. Die Übergeordnete Umwelt dieser Topsysteme ist der Bauernhof, die Untergeordnete Umwelt ebenfalls der Boden mit seinen Ökosystemen.

Die Tope als Dauerhafte Anlagen bilden einen Rahmen, der den Informationsfluß (Nachfrage) und Energiefluß (Angebot) ermöglicht. Dies ist neu gegenüber dem Gleichgewichtssystem. Das System selbst wird von den Individuen oder der Gruppe von Individuen als Elemente (Bauer und Arbeitskräfte als Träger) gebildet, insoweit sie in den Prozeß involviert sind. Sie nutzen verschiedene Werkzeuge, die die Arbeiten erleichtern. So ist das System - wie das Solidum und das Gleichgewichtssystem - das Vehikel, das zwischen den Umwelten vermittelt.

Betrachten wir das Top, also die Dauerhafte Anlage, hier ein Feld, genauer. Die einzelnen Handlungsprojekte wie Pflügen, Eggen, Ernten etc. müssen zeitlich geordnet werden. Wir können 2 Gruppen unterscheiden:
1. Jene Handlungsprojekte, die der Bodenbearbeitung (einschließlich der Vorbereitungen) dienen,
2. jene Handlungsprojekte, die den Erntearbeiten (einschließlich dem Verkauf der Produkte) dienen.

Es wird bei den erstgenannten Arbeiten im System dafür gesorgt, daß das, was der Bauernhof als Übergeordnete Umwelt (seinerseits vom Markt als dessen Übergeordneter Umwelt stimuliert) möchte, dem Boden in dem Top als der Untergeordneten Umwelt mitgeteilt wird. Das schließt eben auch die Bodenbearbeitung sowie natürlich auch die Einsaat ein, d.h. es wird Energie mitgegeben, obwohl es der Sache nach eine Information des Systems an die Untergeordnete Umwelt ist. Information meint hier die für den Boden als die Energieressource aufbereitete Nachfrage. Mittels dieser Information wird die Untergeordnete Umwelt für das System geordnet, ihm, soweit es geht, eingegliedert. Informationsfluß ist also hier der Transport von Ordnung.

Die Informationseingabe, die sich verschiedener Hilfsmittel (Bearbeitung, Düngung etc.) bedient, wird immer weiter verfeinert, in Anpassung an die Untergeordnete Umwelt, um sie zu höherer Produktion zu veranlassen. Diese Art der Information an die Untergeordnete Umwelt richtet sich nach deren Beschaffenheit. Ist es das Ökosystem des Bodens, so handelt es sich um Bearbeitung (Pflügen, Eggen etc.), Düngung, Verwendung neuer Saatsorten etc., ist es das Vieh im Stall (das auch zur Untergeordneten Umwelt gehört[33]), so ist es die Art und Menge des Futters und der Rhythmus des Fütterns, die Gesundheitsfürsorge etc.

Sodann antwortet die Untergeordnete Umwelt, indem sie, wie erhofft, Nährstoffe bereitstellt, so daß die eingegebene Saat gedeihen kann. Ohne die eingegebenen Informationen würde das Wachstum unkontrolliert sein. Auf dem bearbeiteten Feld wird das Wachstum begleitet, auch dadurch, daß Unkraut gejätet, Schädlinge abgesammelt, eventuell der Boden bewässert wird etc. Das Ökosystem des Bodens wird angeregt, zu produzieren. Es liefert dann die Frucht, also eine Form der Energie. Sie wird geerntet, d.h. dem Boden entnommen, und dem Markt angeboten.

Und ebenso wird die Energieaufnahme aus der Untergeordneten Umwelt verbessert, durch neue Erntemaschinen (z.B. Mähdrescher), Melkanlagen etc. Es wird nicht produziert, d.h. Energie umgewandelt, das wird der Untergeordneten Umwelt nach wie vor überlassen. Aber dadurch, daß der Informationsfluß mit immer genaueren Informationen in die Untergeordnete Umwelt eindringt, wird der Energiefluß ergiebiger. So ist der Prozeß auf dieser Komplexitätsstufe ein Verteilungsprozeß (vergleichbar dem Markt), nicht ein Umwandlungsprozeß. Im Top erfolgt die Zuteilung der Information an die verschiedenen Partien des Ökosystems mit seinen chemisch reagierenden Substanzen, den Pflanzen-, Tier- und Mikrobenpopulationen.

Das Hauptanliegen dieser Art von System ist also die differenzierte Erschließung der Energieressourcen der Untergeordneten Umwelt. Die hiermit verbundenen Arbeiten werden nach und nach durchgeführt. Jedes Handlungsprojekt, z.B. das Pflügen, kann in dem Feld nur sukzessive durchgeführt werden. Es beginnt an einem Punkt als dem Initialort dieses Handlungsprojektes, und wird dann über das Top geführt. Dem Boden wird also die Nachfrage (Information) nach und nach eingegeben und dementsprechend im Ökosystem der Untergeordneten Umwelt von den dortigen Agentien genauer adoptiert. Wir nennen diesen raum-zeitlichen Verbreitungsprozeß "Diffusion".

Hierin zeigt sich schon, daß nicht nur Raum in Anspruch genommen wird, sondern auch Zeit. Ein Nacheinander ist charakteristisch, eine zeitliche Abfolge, bedingt vor allem durch die verschiedenen Arbeiten und das Wachsen der Frucht. Am Ende, d.h. bei der Einholung der Ernte und dem Angebot an den (hofinternen und übergeordneten offenen) Markt kann geprüft werden, ob das angestrebte Ziel, eine Frucht in einer bestimmten Menge zu produzieren, auch erreicht wurde. Nachfrage und Angebot können gemessen und verglichen werden, durch Rückkopplung. Das System als Teil des Bauernhofs erhält dadurch Auskunft,
1. ob es die Erwartungen des Bauern erfüllt hat, und
2. ob die Untergeordnete Umwelt seinen Forderungen entsprochen und einen genügend großen Ertrag erbracht hat.
Trifft beides zu, dann hat es damit auch die Gewißheit erhalten, daß es eine Nische gefunden hat, die ihm eine gewisse Stabilität garantiert. Auf diese Weise reguliert sich das System selbst.

Es gibt aber Schwankungen. Sie sind zunächst im Marktgeschehen begründet, dem auch der Bauernhof als Betrieb (Übergeordnete Umwelt) unterliegt und die bis auf das Topsystem durchschlagen. Der Bauernhof bietet seine Ware mit vielen anderen Konkurrenten dem Markt an. Durch die Verzögerung, die notgedrungen zwischen dem Nachfragetermin und dem Beginn der Arbeiten auf der einen Seite, und dem Ende der Arbeiten und dem Angebotstermin auf der anderen Seite entsteht, kommt es zu Entwicklungen, die sich nur schwer vorhersehen lassen. Wenn deutlich wird, daß das tatsächliche Angebot der ja früher eingegebenen und in der Zwischenzeit möglicherweise veränderten Nachfrage nicht entspricht - und das ist meist der Fall -, kommt es zu Schwankungen, die auch hofintern fühlbar sind. Mal wird zuwenig von einer Frucht angebaut, dann vielleicht zu viel.

Nachfrage und Angebot entsprechen sich auch innerbetrieblich häufig nicht, z.B. dann nicht, wenn die Menge des angebauten Viehfutters nicht der Viehbestockung angemessen ist. Unwägbarkeiten entstehen zudem dadurch, daß die zum Zeitpunkt der Ernte benötigten Mengen in den einzelnen Topen nicht im voraus kalkuliert werden können. Die Bauern sind also ständig gezwungen, sich auch betriebsintern der Übergeordneten Umwelt anzupassen, um bestehen zu können.

Zudem sind der Untergeordneten Umwelt gegenüber ständige Anpassungsvorgänge nötig. Die Arbeiten demonstrieren einen Anbaurhythmus, der jahreszeitlich bedingt ist. Manche Pflanzen wachsen schneller, andere langsamer, danach haben sich die Arbeiten zu richten. Tägliche Rhythmen wiederum sind mit der Viehhaltung verbunden. Dies zeigt, daß auch von der Untergeordneten Umwelt der Arbeitsrhythmus stark beeinflußt wird.

Jahresrhythmus und Tagesrhythmus schlagen zunächst strukturell-quantitativ auf den Betrieb durch. Daneben ist auch die funktional-qualitative Seite der Arbeiten zu berücksichtigen. Jede Behandlung der Tope erfolgt in Sequenzen, sie beginnt mit der Aufnahme der Nachfrage als Anregung, Vorüberlegungen und Planungen. Dann erfolgen die eigentlichen physikalischen Arbeitsleistungen, auf dem Felde (wie schon früher angedeutet: Düngen, Pflügen, Eggen, Einsaat, Unkraut Jäten). All diese Arbeiten sind Handlungsprojekte mit ihren eigenen Sequenzen. Nach dem Aufwachsen der Frucht kommen die Erntearbeiten - hier zunächst die körperlichen Arbeiten Mähen, Einfahrt, Dreschen (oder umgekehrt), Einlagern -, anschließend die Information an den nachfragenden Markt, d.h. das Angebot, der Verkauf.

Betrachtet man dies entlang des vertikalen (Nachfrage-)Informationsflusses bzw. des (Angebots-)Energieflusses, so können wir die verschiedenen Arbeitsleistungen der Handlungsprojekte (sowohl bei dem Bauernhof als Ganzes als auch bei den Topsystemen) verschiedenen Partialsystemen zuordnen. Diese umfassen einerseits die Planungen und den Verkauf der Produkte -, sie sind näher am Markt (an der Übergeordneten Umwelt) orientiert. Hierfür ist der Bauer zuständig, er ist verantwortlich für das ganze System. Das andere Partialsystem kann man den Elementen des Systems, den Arbeitskräften, zuordnen - so die eigentlichen körperlichen Arbeiten -, sie sind näher an den Boden (Untergeordnete Umwelt) orientiert. Wir nennen diese Partialkomplexe "Systembereich" bzw. "Elementbereich". In einem Familienbetrieb werden natürlich meistens die Arbeiten gemeinsam geplant und durchgeführt, lassen sich nur funktional zuordnen, im differenzierteren Industriebetrieb aber sind diese verschiedenen Ebenen institutionalisiert (vgl. Kap. 2.4.3.2.).

In jedem Fall können so die Informationsflüsse (mit u.a. der Bodenbearbeitung) von der Übergeordneten Umwelt durch den Systembereich mit den (schwerpunktmäßig) die geistigen Leistungen Erbringenden über den Elementbereich mit den (schwerpunktmäßig) die körperlichen Leistungen ausführenden Arbeitskräften zur Untergeordneten Umwelt, d.h. dem Boden erfolgen, also von oben nach unten, und umgekehrt die Energieflüsse (u.a. die Ernte umfassend) von der Untergeordneten Umwelt über den Elementbereich und den Systembereich zur Übergeordneten Umwelt.

Der Boden bildet nur dann eine dauerhafte Lebensgrundlage, wenn seine Ergiebigkeit erhalten bleibt. Von den Bauern müssen spezifische Techniken angewendet

werden, die diese Nachhaltigkeit garantieren. Durch geschickte Bodenpflege kann er seinem Land die nötige Energie nachhaltig entnehmen. Die Nachhaltigkeit des Bodens wird ermöglicht
1. durch Bodenverbesserung mittels Düngung und Sandauftrag, und
2. durch eine ausgeklügelte Abfolge der Anbaufrüchte.

Bodenverbesserung wurde auf dem Hochmoorboden früher durch Moorbrand zu erreichen versucht. Später, ab Ende des vorigen Jahrhunderts, als die Deutsche Hochmoorkultur eingeführt wurde, konnte auf Brand verzichtet werden.[34] Nun erhielten Kalkung und Düngung, d.h. Mist aus dem Stall, einen noch höheren Stellenwert. Vielfach wurde auch Sand aufgebracht, um mit ihm die oberen, zersetzten Lagen des Torfes zu vermischen und damit aufzulockern.

Allerdings ist zusätzlich - abgesehen natürlich von dem Dauergrünland - ein Wechsel der Anbaufrüchte nötig, denn die verschiedenen Pflanzen nutzen verschiedene Spektren in der mineralischen Nährstoffskala der Untergeordneten Umwelt. Entweder es werden lange Brachzeiten eingeschaltet, oder es lösen sich Feldbau mit Graslandnutzung ab - was hier nur selten gehandhabt wurde - oder es werden die Feldfrüchte in einer bestimmten Sequenz gewechselt. Ein Wechsel der Kulturarten bringt Konstanz in die Landwirtschaft. Dabei werden Hackfrüchte (Blattfrüchte, z.B. Kartoffel, Rüben oder Hanf) und Halmfrüchte (z.B. Gerste, Roggen, Hafer) in den Wechsel einbezogen. Mitte dieses Jahrhunderts war in Wörpedorf folgende Sequenz üblich:[35]

Blattfrucht - Halmfrucht -Halmfrucht - Blattfrucht - Halmfrucht

Diesen Wechsel der Feldfrüchte in einer bestimmten Reihenfolge nennt man Rotation. Sie ist eine raum-zeitlich Anbaufolge, denn jedes Feld als Top erhält - meist jährlich - eine neue Frucht, und gleichzeitig bringt der Bauer die vorherige Frucht auf einem anderen Feld unter. Nach einer Reihe von Jahren ist der Zyklus beendet, ein neuer beginnt. Die Rotation ist also eine Reaktion auf das Eigenleben der Untergeordneten Umwelt, die sich erholen muß und so geschont wird. Auf diese Weise unterstützt die Rotation die Bemühungen des Systems, sich nachhaltig in seiner Nische im Energiefluß zu erhalten.[36]

2.3.2. Komplexionsprozeß

Wir hatten die ganze Parzelle eines Bauernhofes und ein einzelnes Top als Dauerhafte Anlage dargestellt, die die kontrollierte Nutzung der Energieressourcen der Untergeordneten Umwelt ermöglichen. Die Träger dieser Fließprozesse sind im ersten Fall der Bauer und die Mithelfenden Familienangehörigen, im zweiten Fall der Teil dieser Familie, der sich diesem Top widmet, also eine Gruppe von Menschen, insoweit sie dieses Feld bewirtschaftet. Im ersten Fall ist der Markt die Übergeordnete Umwelt, in zweiten der Bauernhof. In beiden Fällen ist der Boden die Untergeordnete Umwelt.

Hier nun wollen wir uns auf das Top, also ein Feld, konzentrieren. Das System wird von der erwähnten Gruppe der hier involvierten Menschen gebildet, sie sind die

Träger, sie führen die Handlungsprojekte aus, die den Fließprozeß ausmachen. Auf diese Weise sollen bestimmte Arten von Energie (z.B. in Form von Getreide) der Untergeordneten Umwelt gezielt entnommen werden. Die Untergeordnete Umwelt als Energieressource soll auf diese Weise unter Kontrolle gebracht werden, soweit dies nötig ist.

Eine Arbeitsteilung im eigentlichen Sinne gibt es hier noch nicht (vgl. Kap. 2.4.1). Zu einer Zeit mag jeweils nur 1 Handlungsprojekt sich mit dem Feld befassen, so daß das Feld nacheinander durch mehrere Handlungsprojekte bearbeitet wird. So ist es möglich, daß nur 1 Individuum das ganze Feld vom Pflügen bis zur Ernte bewirtschaftet. Der folgende Komplexionsprozeß erläutert den strukturellen Übergang vom Handlungsprojekt zum Fließprozeß.

$$\sum_{i=1}^{i=n} \begin{matrix} 4\,3\,2\,1 \\ 1\,2\,3\,4 \end{matrix}$$

Abb.10: Schema des Fließprozesses im Bündelungsstadium. Zum Verständnis vgl.auch Abb. 8. Der Fließprozeß beinhaltet n (durch Faltung verstetigte) Bewegungs-(Handlungs-)projekte. Dargestellt sind die Einzelstadien eines Bewegungs-(Handlungs-)projekts. Die Ziffern symbolisieren den Prozeßverlauf. Vgl. Text.

Bündelung (vgl. Abb. 10):

Alle (verstetigte, d.h. gefaltete) Handlungsprojekte sind auf ein bestimmtes Ziel ausgerichtet. Aus der Untergeordneten Umwelt soll Getreide gewonnen werden. Nun kommt es darauf an, die Projekte unter dem Aspekt der genaueren Energiekontrolle zusammen zu betrachten und im Verlaufe des Komplexionsprozesses zu einem Fließprozeß zu vereinigen. Dies geschieht in einem Top, hier auf einem Feld. Zur Bewirtschaftung dieses Feldes gehören als Handlungsprojekte u.a. Pflügen, Eggen, Säen, Ernten oder Dreschen. Jedes Handlungsprojekt ist so am Ort des Feldes mit anderen verknüpft. Die vielen Handlungsprojekte werden zusammengeführt.

Ausrichtung (vgl. Abb. 11):

Die Handlungsprojekte werden in einer ganz bestimmten Reihenfolge plaziert, entsprechend den Aktivitäten auf dem Feld, dem Top, und dabei zeitlich, also horizontal, sortiert. Das Projekt beginnt mit der Aufnahme der Anregung und der Planung (Adoption). Dann folgt die Bodenbearbeitung und die Einsaat, die Pflege des Bodens als der Untergeordneten Umwelt, die Ernte und der Verkauf der Frucht (Produktion). Der Induktionsprozeß führt also in das System hinein und führt die Produktion aus. Der Reaktionsprozeß dient dem System selbst. Auch hier beginnt der Prozeß mit der Planung der Arbeiten, nun die Reparatur der Geräte und die Pflege der Zugtiere etc. betreffend (Rezeption), dann folgt die Durchführung, die auch die Erholung des Menschen selbst betrifft (Reproduktion).

```
           ←
    1 2 3 4 | 4 3 2 1
    4 3 2 1 | 1 2 3 4
    ────────┼────────
    4 3 2 1 | 1 2 3 4
    1 2 3 4 | 4 3 2 1
           →
```

Abb. 11: Schema eines Fließprozesses im Ausrichtungsstadium. Zum Verständnis vgl.auch Abb. 10. Die gebündelten Bewegungsprojekte werden für den neuen Prozeß sachlich in 4 Gruppen sortiert. Ein neues Koordinatensystem (1. Ordnung) wird eingerichtet. In jedem Quadranten erscheinen für die gebündelten Bewegungs-(Handlungs-)projekte als Prozesse 2. Ordnung eigene Koordinatensysteme. Die Pfeile deuten die Richtung des Prozesses 1. Ordnung an (Verlauf entgegen dem Uhrzeigersinn). Nur die Achsen des Koordinatensystems 1. Ordnung sind eingetragen. Vgl. Text.

Betrachten wir dies im Koordinatensystem: Die (gefalteten) summierten Handlungsprojekte erscheinen in den 4 Quadranten als einheitlicher Prozeß, angeordnet entsprechend der Positionierung in den einzelnen Quadranten. Der Induktionsprozeß erscheint so im (+x,+y)-Quadranten in der gewohnten Anordnung, im (-x,+y)-Quadranten aber an der (vertikalen) y-Achse gespiegelt. Der Reaktionsprozeß wird an der (horizontalen) x-Achse gespiegelt.

Im Überblick ergibt sich: Die Gleichgewichtssystem-Struktur (vgl. Kap. 2.2.2) wird einbezogen, die neue Ausrichtungsstruktur stellt gleichsam eine Vergrößerung des Handlungsprojekts dar.

Verflechtung (vgl. Abb. 12):

War im Ausrichtungsstadium der horizontale Prozeß, das raum-zeitliche Nacheinander, entscheidend, d.h. das Zusammenfügen der vielen einzelnen Handlungsprojekte zu einem übergeordneten Prozeß, so orientieren sich nun die Elemente mit ihren Arbeitsaktivitäten auf die Untergeordnete Umwelt, um die Energieressourcen aufschließen zu können. Dazu ist es erforderlich, den Verlauf des Hauptprozesses in die vertikale Richtung zu bringen, also umzukehren. Die Umkehrung gestaltet sich etwas schwieriger als beim Gleichgewichtssystem (vgl. Kap. 2.2.2), da wir horizontal und vertikal durchlaufende 4-stadiale Prozesse erreichen müssen. Im Ergebnis bedeutet hier die Verflechtung, daß die Anregung an der Kontaktstelle zur Übergeordneten Umwelt aufgenommen, dann abwärts über die Person des informierten, entscheidenden und planenden Bauern als Repräsentanten des Systembereichs zu den die Information übernehmenden und die Arbeiten konkretisierenden Arbeitskräften als dem Elementbereich zur Kontaktfläche zur Untergeordneten Umwelt (zum Boden des Feldes) geführt wird. Das Ökosystem des Bodens nimmt die Anregung auf, die Saat wird mit Nährstoffen versorgt, so daß das Wachstum erfolgen kann. Der Elementbereich, also die Arbeitskräfte, übernehmen die Frucht, der Systembereich bietet sie dem Markt (als der Übergeordneten Umwelt) an.

						c)	
						2 3	4 1
a)			b)			1 4	3 2
3 2 1 4	2 3 4 1		2 3 4 1	2 3 4 1		4 1	2 3
4 1 2 3	1 4 3 2		1 4 3 2	1 4 3 2		3 2	1 4
2 3 4 1	3 2 1 4		4 1 2 3	4 1 2 3		2 3	4 1
1 4 3 2	4 1 2 3		3 2 1 4	3 2 1 4		1 4	3 2
						4 1	2 3
						3 2	1 4

Abb. 12: Schema des Fließprozesses im Verflechtungsstadium. Zum Verständnis vgl. auch Abb. 11. Die horizontal ausgerichtete Abfolge wird vertikal orientiert. Es werden die Umkehroperationen dargestellt:
a) Umkehrung der jeweils 4 Ziffern umfassenden kleinsten quadratischen Prozeßeinheiten;
b) Umordnung der Ziffern in diesen Prozeßeinheiten entsprechend der Position im Koordinatensystem 1. Ordnung;
c) Umkehrung der 4 Ziffern umfassenden kleinsten Prozeßeinheiten als Ganzes ins Vertikale. Dadurch wird der Vertikalprozeß (Informationsfluß oberhalb und Energiefluß unterhalb der Abszisse) erkennbar.
d) Es sind nun 2 neue quadratische Einheiten (mit je 16 Ziffern) entstanden. Die untere (im y-negativen Bereich) muß an einer (gedachten) waagerechten Achse umgedreht werden. Vgl. Text.

Faltung (vgl. Abb. 13):

Im Faltungsstadium werden die Koordinatensysteme aufgelöst. Es wird die untere Hälfte des vertikal abwärts gerichteten Prozesses an einem horizontalen Scharnier hinter die obere gefaltet. Auf diese Weise wird ein Kreisprozeß gebildet. Geometrisch erscheint eine röhrenförmige Struktur.

Der Prozeß 1. Ordnung führt nun vertikal durch das ganze System die Information (Nachfrage) von oben nach unten ("Informationsfluß"), während die Energie (das Angebot) von unten, der Untergeordneten Umwelt, aufwärts gerichtet ist ("Energiefluß"). Damit werden das Engagement der das Feld bearbeitenden Gruppe und die biotischen Vorgänge im Boden miteinander verknüpft. Andererseits werden durch die Faltung die Enden des Energieflusses (also das Angebot) mit den Anfängen des Informationsflusses (also die Nachfrage), verkoppelt, der Bauer erkennt am Ernteertrag, ob er erfolgreich den Boden bearbeitet hat, ob das Ökosystem im Boden genügend Gelegenheit zur Produktion (der Nachfrage entsprechend) hatte ("Rückkopplung").

So wird dem System ermöglicht, den Energiefluß selbst zu regulieren und damit seine eigene Existenz zu sichern. Dies ist über mehrere Jahre betrachtet auch die Voraussetzung für eine nachhaltige Bewirtschaftung. Wenn mehr Ressourcen dem Boden entnommen werden als er im nächsten Jahr wieder bereitstellen kann (Bodenerschöpfung), müßte dies ausgeglichen werden (z.B. durch Düngung oder Rotation).

```
2 3 4 1    1. Bindungsebene
1 4 3 2    2. Bindungsebene    Informations-
4 1 2 3    3. Bindungsebene    fluß
3 2 1 4    4. Bindungsebene

2 3 4 1    4. Bindungsebene
1 4 3 2    3. Bindungsebene    Energie-
4 1 2 3    2. Bindungsebene    fluß
3 2 1 4    1. Bindungsebene
```

Abb. 13: Schema des Fließprozesses im Faltungsstadium. Zum Verständnis vgl. auch Abb. 12. Das Koordinatensystem wird aufgelöst, es entsteht das Schema eines Fließprozesses. Nun erfolgt die Faltung. Oben ist der Informationsfluß dargestellt, der untere Teil (Energiefluß) wird an einem (gedachten) waagerechten Scharnier nach oben geklappt. So treten die Bindungsebenen hervor. Die Pfeile geben den Verlauf des Prozesses 1. Ordnung wieder (als Informationsfluß abwärts, als Energiefluß aufwärts). Vgl. Text.

Intern lassen sich, wie bereits angedeutet, "Systembereich" und "Elementbereich" unterscheiden. Der Systembereich meint das Ganze und wird durch den Bauern repräsentiert, der plant und bestimmt, insoweit es die Arbeit an diesem Feld betrifft. Der Elementbereich wird von den an der Feldarbeit beteiligten Arbeitskräften gestellt, die den Anordnungen des Bauern folgen.[37] Zudem müssen die System-Oberseite von der System-Unterseite unterschieden werden, ebenso die Element-Oberseite von der Element-Unterseite entsprechend ihrer Hinwendung zu der Über- bzw. Untergeordneten Umwelt, zu dem Informations- bzw. Energiefluß. So erkennt man im System 4 Ebenen:
1) Unterhalb der Kontaktfläche zur Übergeordneten Umwelt die Ebene der Aufnahme der Nachfrage (im Informationsfluß) bzw. Abgabe des Angebots (im Energiefluß) durch das System (den Bauern in seiner Rolle als die Arbeit an diesem Feld planenden und entscheidenden Eigentümer);
2) die Ebene, in der vom Bauern die Pläne entsprechend den Möglichkeiten des Systems (im Informationsfluß) erabeitet werden bzw. die Ergebnisse der Arbeiten von den Arbeitskräften als der Elemente (im Energiefluß) zugeliefert werden;
3) die Ebene, in der die Arbeitskräfte als die Elemente die Arbeiten planen (im Informationsfluß) bzw. dem Bauern abliefern (im Energiefluß);
4) die Ebene der konkreten Arbeit an dem Boden; jetzt gelangt der Informationsfluß ans Ziel bzw. nimmt der Energiefluß seinen Anfang.

Wir bezeichnen diese Ebenen als "Bindungsebenen", da durch die Anregung von der Übergeordneten Umwelt die Elemente in das System eingebunden werden. Innerhalb der Bindungsebenen, also horizontal, verlaufen die Prozesse 2. Ordnung.
Es ist ein neuer Systemtyp entstanden, das Fließgleichgewichtssystem. Es ist in der Lage, sich im Energiefluß, also fern vom energetischen Gleichgewicht, zu halten, mittels Selbstregulation, d.h. durch Rückkopplung.

2.3.3. Folgerungen und weitere Beispiele

Das Fließgleichgewichtssystem unterscheidet sich von dem Gleichgewichtssystem (vgl. Kap. 2.2) dadurch, daß es sich nur halten kann, wenn Informations- und Energiefluß - d.h. die Fließprozesse - von der Übergeordneten bzw. Untergeordneten Umwelt durch das System gewährleistet sind. Schwankungen in Nachfrage und Angebot sind kennzeichnend, mal überwiegt die Nachfrage, mal das Angebot; aber im zeitlichen Durchschnitt müssen sich beide entsprechen. Wird auf Dauer zu wenig Energie angeboten, muß das System schrumpfen oder gar zusammenbrechen. Das System arrangiert sich hier also im vertikalen Rahmen, zwischen Übergeordneter und Untergeordneter Umwelt, fungiert mit seinen Elementen dabei als Durchgangsvehikel. Das Fließgleichgewichtssystem zeichnet sich durch Nichtlinearität aus, und in der Stufenleiter zunehmender Komplexität bei den Systemtypen beginnt hier die Gruppe der eigentlich komplexen Systeme.[38]

Die Fließgleichgewichtssysteme und Fließprozesse lassen sich in mehreren Grössenordnungen erkennen, die hierarchisch übereinander positioniert sind, z.B. bei sozialen Systemen: Unten befindet sich als Träger die bereits geschilderte Menschengruppe, die ein Top bearbeitet, übergeordnet der Bauernhof, der über zahlreiche Tope verfügt; Träger ist hier die Bauernfamilie. Wiederum eine Stufe höher kann die Menge der Bauernhöfe im Langen Moor, in dem auch Wörpedorf liegt, als System genannt werden. Sie hat im Hinblick auf die Besonderheiten des Moorbodens eine gleichartige Untergeordnete Umwelt (vgl. Kap. 2.3.1), die Wirtschaftsweise ist daher unter dem Zwang der Anpassung an diese besonderen Naturgegebenheiten bei allen Bauern ähnlich. Dies veranlaßt die Menschen, sich gegenseitig zu unterstützen, so daß eine Kohärenz zwischen den Bewohnern erkennbar wird. Es ist eine strukturelle Einheit entstanden, ein eine Region umfassendes Fließgleichgewichtssystem. Hier gruppieren sich also nicht nur gleiche Merkmale (vgl. Kap. 2.2.3) - dies auch -, sondern es besteht ein interner Zusammenhalt, der im gleichartigen vertikalen Nachfrage- und Angebotsfluß begründet ist.

Oben wurden nur die einfachsten Formen von Fließgleichgewichtssystemen vorgestellt. In den Systemen in den höheren Größenordnungen werden aber noch weitere Eigenschaften erkennbar, die dann hervortreten, wenn die Systeme auf geeignete Weise untersucht werden. Bei der Untersuchung spielt häufig die Simulation eine wichtige Rolle, aber es gibt ganz verschiedene Ansätze. Welcher der Richtige ist, hängt stark vom Habitus des Systems ab:
1. Bei dem System sind die punktförmigen Elemente erkennbar und abzählbar; sie verhalten sich nach bestimmten Regeln (z.B. die Menschen in ihren Rollen). Hier lassen sich die innersystemischen Prozesse, z.B. mittels Simulation, untersuchen.
2. Bei dem System sind die qualitativ unterschiedlichen Komponenten separierbar. Sie werden isoliert und lassen sich untersuchen. Die Elemente, z.B. die beteiligten Individuen, sind nur in Ausnahmefällen abzählbar. Sie ordnen sich in Teilsystemen an, die im Energiefluß bestimmte Nischen einnehmen. Hier bieten sich Input-Output-Untersuchungen des gesamten Systems an.

3. Soziale Systeme und soziales Handeln formen die hochkomplexe menschliche Gesellschaft. Hier geht es um die Erarbeitung der Ordnung der vielfältigen Erscheinungen, um die Analyse ihrer Verknüpfung und ihrer Bedeutung für das Ganze.
4. Chaotische Systeme zeigen ansatzweise Phänomene der Selbstorganisation und der Kooperation, d.h. Eigenschaften der Nichtgleichgewichtssysteme (über diese vgl. Kap. 2.4). Hier sind wieder Simulationen wichtige Untersuchungsinstrumente.

Wir müssen etwas ausführlicher werden, weil dies das Verständnis für die gegenwärtige Situation der Komplexitäts-Diskussion wesentlich erleichtert.

2.3.3.1. Innersystemische Prozesse

Das System besteht aus abzählbar vielen Elementen, die sich als Individuen (Menschen, Tiere, Betriebe, Atome etc.) darstellen. So lassen sich die Diffusion von Innovationen, Schwingungen und Rotation simulieren. Hier kann mit Wahrscheinlichkeitsmodellen gearbeitet werden.[39]

Innovation, Diffusion:

Wenn die Energiezufuhr in einem System der Nachfrage entspricht, wenn über den Markt die Konsumenten die Produkte nachfragen und die Produzenten sie in passender Menge anbieten, stellt sich ein Fließgleichgewicht ein (vielleicht mit kleinen Schwingungen; vgl. unten). In demselben Rahmen ist auch eine Erhöhung der Nachfrage bzw. des Angebots an Produkten möglich; eine Vergrößerung des Systems kann die Folge sein, bis sich ein neues Fließgleichgewicht auf einem höheren Niveau eingependelt hat. In diesen Phasen erhalten die Systeme die Möglichkeit, Innovationen aufzunehmen,[40] z.B. die Idee, neue Anbaufrüchte anzubauen oder neue Anbaumethoden anzuwenden. Darüberhinaus ist generell die Adoption technischer und kultureller Neuerungen jeder Art gemeint, die unsere Kulturelle Evolution (vgl. Kap. 2.5.3.1) fortschreiten lassen. Die Innovation wird diffundiert, von Adoptor zu Adoptor weitergegeben. Die Elemente, d.h. die Adoptoren, vermehren sich entsprechend dem System gesetzten Rahmen und versetzen das System von einem ersten in einen zweiten Zustand. Auf diese Weise werden die Innovationen in das Gefüge der Wirtschaft und Gesellschaft teilweise ganzer Regionen und Kontinente eingebunden.

Die Adoption kann angeordnet werden; als ein solcher Vorgang kann eine Gemeindereform innerhalb eines Bundeslandes oder konnten früher raumordnerische Maßnahmen in einem sozialistischen Land betrachtet werden. Durch direkten menschlichen Eingriff in die Steuerung des Prozesses ist die Selbstregulation hier weitgehend ausgeschaltet. Diese Vorgänge harren noch einer genaueren Analyse.

Besser untersucht sind die sich selbst regulierenden Prozesse. Sie tauchen an einem Initialort einer Region oder eines größeren Erdraums zuerst auf und verbreiten sich dann. Beispiele sind die Diffusion der Kulturpflanzen und Haustiere über die Erde seit dem Neolithikum oder in jüngerer Zeit der technischen Erfindungen wie die des Automobils oder des Fernsehens. Auch die Periodisierung der Geschichte beruht zu einem nicht unerheblichen Teil darauf, daß Innovationen in den Völkern und Kulturen adoptiert wurden und einen entsprechenden Strukturwandel ausgelöst haben (z.B. Rennaissance und Reformation). Vielfach lassen sich diese Verbreitungsprozesse gut verfolgen. Die Diffusion von Innovationen ist also eine ubiquitäre Erscheinung in der menschlichen Gesellschaft.[41]

Aber auch außerhalb der sozioökonomischen Realität ist die Diffusion von Innovationen allgegenwärtig. Ein medizinisch wichtiges Anwendungsgebiet ist die Ausbreitung von Seuchen (Pandemien), ihr Studium ist für die Prävention wichtig. Ökologen untersuchen das Eindringen neuer Pflanzen- und Tierarten in gegebene Ökosysteme; durch solche Diffusionsprozesse kann das Fließgleichgewicht eines Systems erheblich verändert werden.

Es sind in der Geographie Modelle entworfen worden, die den regionalen Verbreitungsvorgang plausibel machen.[42] Bezogen auf eine begrenzte Region wird in einem den Diffusionsvorgang darstellenden Diagramm die Zahl der Adoptoren zunächst stark, dann - wenn die Zahl der noch nicht berührten potentiellen Adoptoren spürbar sich vermindert - sich abflachend zunehmen, so daß bei kumulativer Darstellung eine S-förmige Kurve, die sog. Logistische Kurve, erscheint.[43] Dabei folgen dem Initial- das Diffusions-, das Verdichtungs- und schließlich das Sättigungsstadium. Bezogen auf die Elemente heißt dies, daß zunächst die Zahl der noch Überlegenden überwiegt, dann nimmt der Anteil der sich Entscheidenden und anschließend der sich Umstellenden zu, schließlich dominiert der Anteil derjenigen, die die Neuerung bereits nutzen.

Der Diffusionsprozeß ist irreversibel, denn man kann einmal Verteiltes, Diffundiertes, nicht mehr zurücknehmen. Durch die Adoption von Innovationen gelangen die Elemente in ein neues Gleichgewicht zwischen den Anforderungen der Übergeordneten Umwelt und den Möglichkeiten der Untergeordneten Umwelt.

Die Innovationen selbst, d.h. die Neuerungen als Umwandlungen verstanden, vollziehen sich freilich nicht im Fließgleichgewichtssystem - hier erfolgt nur die Ausbreitung -, sondern in den Elementen als Nichtgleichgewichtssystemen (vgl. Kap. 2.4). Wenn z.B. ein Bauer sich entschließt, eine neue Weizensorte in seinem Betrieb anzubauen, also eine Innovation zu adoptieren, so bedeutet dies, daß der Betrieb sich auch qualitativ umstellen, sich also selbst neu organisieren muß. Die Verbreitung aber, die Diffusion von Betrieb zu Betrieb, ist eine Sache des Marktes, d.h. eines Fließgleichgewichtssystems.

Schwingung:

Der Jahresablauf legt in einem Bauernhof den Rhythmus fest, denn das Fruchtwachstum ist von den Jahreszeiten abhängig. Die Felder müssen in diesem Zeitraum bearbeitet und geerntet werden. Danach richtet sich auch das Marktgeschehen, es wechseln Nachfrage- und Angebotsfluß einander ab. Das Angebot erfolgt verzögert, weil die Produkte (von Nichtgleichgewichtssystemen, z.B. im Ökosystem) erst hergestellt werden müssen. Wenn die Produkte dann angeboten werden, kann sich die Nachfrage bereits geändert haben, usw. Nachfrage und Angebot versuchen, in ein Gleichgewicht zu gelangen, meist mit nur mäßigem Erfolg. Das System schwingt. Dies gilt für alle Größenordnungen von Fließgleichgewichtssystemen, dort also, wo gewisse Güter von der Übergeordneten Umwelt nachgefragt und von der Untergeordneten Umwelt angeboten werden. Dadurch, daß sich Nachfrager und Anbieter ständig wechselseitig stimulieren, können sich die Schwingungen dauerhaft einstellen und einen bestimmten Rhythmus annehmen. Dieser Zustand bleibt über eine gewisse Zeitspanne erhalten. Auf diese Weise reguliert sich das System selbst. Die Schwankungsdauer beträgt beim Bauernhof ein Jahr, bei anderen Systemen können die Phasen Tage, Monate, mehrere Jahre oder Jahrzehnte währen. Viele dieser Schwingungen lassen sich als Konjunkturzyklen deuten. Mathematisch können die Entwicklungen in erster Annäherung durch die sog. Räuber-Beute-Beziehungen (Lotka-Volterra) dargestellt werden.[44]

Entsprechend dem Schwingungsrhythmus geht die Verbreitung von Innovationen in Wellen vor sich. Sie übersetzen die vertikalen Schwingungen im internen Markt des Fließgleichgewichtssystems mit seinem Energieaustausch von Systembereich zum Elementbereich ins Horizontale, Raum-Zeitliche. Besonders deutlich wird der wellenförmige Ausbreitungsvorgang bei Kolonisationen sichtbar, einem Prozeß, bei dem die Menschen sich selbst verbreiten. Die Diffusion geht schubweise vonstatten: Bei wachsender Bevölkerungszahl nimmt die Versorgung der Menschen mit Nahrungsmitteln (wenn keine Zufuhr von außen erfolgt) ab; das löst einen Kolonisationsschub aus. Mit Vergrößerung der Anbaufläche und somit höheren Ernteerträgen verebbt der Antrieb, Neuland zu gewinnen; die Kolonisation hält an. Bei weiter wachsender Bevölkerung wird dann aber ein neuer Schub nötig, usw. Z.B. vollzog sich die spanische Kolonisation in New Mexico vom 17. bis ins 19. Jahrhundert vom Ausbreitungszentrum um Santa Fe in Wellen, die ca. 50 Jahre währten. Jede der Wellen brachte neue Siedlungsformen hervor.[45]

Die Schwingungen sind, wie bereits erwähnt, für die Entwicklung der menschlichen Gesellschaft ebenso kennzeichnend wie die Diffusionen. Die Kulturelle Evolution wird, wie ich noch ausführen werde (vgl. Kap. 2.5.3.1), durch ein hierarchisch geordnetes Geflecht von Schwingungen getragen. Sachlich in sich differenzierte Prozeßsequenzen lassen eine große Vielfalt von Entwicklungen zu. So vollzieht sich die Entwicklung der verschiedenen Kunstgattungen (Literatur, Architektur und Malerei sowie Musik) in Deutschland (mindestens seit dem 18. Jahrhundert) in Form von zeitlich gegeneinander verschobenen Sequenzen von Schwingungen (von je etwa 5 Jahrzehnten Dauer).

Schwingungen und Wellen sind auch in der Natur weit verbreitet. Inwiefern sie auf denselben Konstellationen von Prozessen und Systemen beruhen wie in der Menschheit kann hier nicht erörtert werden.

Rotation:

Durch die Schwingungen kann sich die Untergeordnete Umwelt (in den Ruhephasen) wieder regenerieren. Um über einen längeren Zeitraum Nachhaltigkeit zu erzielen, sind weitere Maßnahmen nötig. Der Bauer fördert z.B., wie erwähnt (vgl. Kap. 2.3.1), die Nachhaltigkeit nicht nur dadurch, daß er den Boden düngt, sondern auch dadurch, daß er seine Anbaufrüchte wechselt, also durch Rotation. Weite Verbreitung hatte die Dreifelderwirtschaft in vorindustrieller Zeit: Die Dorfflur wurde in 3 Zelgen aufgeteilt, und in einem in der Dorfgenossenschaft abgesprochenen Verfahren wechselten Winterfrucht - Sommerfrucht - Brache in den Zelgen miteinander ab. Auf diese Weise konnten die Bauern der Gefahr der Ausbeutung der Böden durch Übernutzung entgehen.

Besonders eindrucksvoll vollzog sich die Rotation im ehemaligen Pueblo Pecos (New Mexico).[46] Aus dem Geländebefund ergab sich, daß die Anbaufläche in einem ca. 60 Jahre umfassenden Zeitraum sich ausdehnte und wieder zusammenzog. Zeitlich versetzt - so ergaben für den jüngeren Zeitraum die schriftlichen Quellen, schwankte im gleichen Rhythmus auch die Zahl der Bevölkerung. Man kann daraus schließen, daß die wirtschaftliche Produktion im Wechselspiel mit der durch die biotische Reproduktion beeinflußten Zahl der Konsumenten diese Schwingungen hervorriefen. Eine Ausbreitung der Anbaufläche erlaubte eine Erhöhung der Bevölkerungszahl. Die Anbauflächen ließen sich aber nicht beliebig erhöhen, zudem nahm die Ergiebigkeit des Bodens ab (erkennbar an Bodenerosionserscheinungen), so daß die Ernteerträge sanken. Dies wiederum veranlaßte eine Abnahme der Bevölkerungszahl. Nun wurde neues Land gerodet, und zwar z.T. neben der vorher genutzten, durch Bodenerosion aber geschädigten Fläche, so daß die erneute Feldflächenausweitung in ein neues Gelände vordrang. Dies wiederholte sich mehrere Male, der Schwerpunkt der Anbaufläche verlagerte sich in einem Rhythmus von ca. 60 Jahren und führte tangential um den Pueblo herum.

Es gibt bisher kaum Untersuchungen zu diesem Phänomen. Allgemein betrachtet kann man sagen, daß die Untergeordnete Umwelt durch die Adoption von Neuerungen örtlich oder regional so in Anspruch genommen wird, daß sie dort nicht weitere Aufgaben übernehmen kann. In unserem Fall ist die Belastung des Ökosystems des Bodens durch Rodung und jahrzehntelangen einseitigen Anbau zu groß gewesen. Aber genauso kann hier eine Bevölkerungsgruppe die Rolle der Untergeordneten Umwelt übernehmen, in die eine Neuerung diffundiert wird.[47] Wenn eine technische Innovation adoptiert wird, hat dies einen Strukturwandel zur Folge. Kommt nach einigen Jahren eine weitere Neuerung, so wird sie vielleicht nicht wiederum von derselben Bevölkerungsgruppe übernommen - es sei denn, diese sei besonders adoptionsfreudig oder die Infrastruktur sei herausragend; eine andere Gruppe wird dann eher bereit sein, einen Innovationsschub aufzunehmen.

Auch in ganz anderen Umwelten und Größenordnungen lassen sich entsprechende Beobachtungen machen: z.B. verschob sich mehrfach das Innovationszentrum in der Kulturpopulation Europas seit der griechischen Antike. Oder man erinnere sich daran, wie oft in Europa politisch die Vormachtposition gewechselt hat, meistens begleitet von Kriegen.

2.3.3.2. Systeme und Komponenten

Die Fließgleichgewichtssysteme befinden sich, wie dargestellt, im Informations- und Energiefluß. Durch die ihnen eigenen Rückkopplungsmechanismen sind sie nichtlinear, d.h. das Output ist in nichtlinearer und vielleicht auch nicht vorhersehbarer Weise mit dem Input verbunden. Wir betrachten den Fall, daß die einzelnen Elemente (z.b. Mikroben, Pflanzen, Betriebe etc.) nicht abzählbar identifiziert werden können. Sie erscheinen gruppiert als Teil- oder Subsysteme, die jeweils eine Nische im Energiefluß einnehmen. Das System kann aus vielen solchen Teil- oder Subsystemen bestehen. Es sind untergeordnete Fließgleichgewichtssysteme (oder - je nach Standpunkt - auch Nichtgleichgewichtssysteme, wenn man den Populationscharakter im Vordergrund sieht; vgl. Kap. 2.4). Es gilt hier, vom Output und Input her das System, das sich als Black Box darstellt, zu analysieren. Mehrere Disziplinen beschäftigten sich mit dieser "allgemeinen Systemtheorie".[48]

Ökosysteme:

Die Ökosysteme können auf ihre verschiedenen Eigenschaften hin untersucht werden.[49] Das System wird in möglichst viele Komponenten gegliedert, die sich quantitativ fassen lassen (z.B. beim Ökosystem Boden die Korngröße, Feuchtigkeit und Temperatur, der Säuregehalt, die Lebendmasse etc.). So kann man deren Zusammenwirken und Verknüpfung erforschen.[50] Freilich, Ökosysteme sind nicht nur Fließgleichgewichtssysteme, sie beinhalten auch Umwandlung, Produktion und Neubildung, gehören also zusätzlich einer höheren Komplexitätsstufe an (vgl. Kap. 2.6). Der Energiefluß äußert sich in den Ökosystemen in Nahrungsketten. Die Pflanzen ziehen Nährstoffe aus dem Boden, sie bilden aber auch selbst die Nahrung für die Tiere. In diesen Sinne mag man in erster Annäherung von Produzenten (Pflanzen, Anbieter) und Kosumenten (Tiere, Nachfrager) sprechen. Das Ziel ist ein Fließgleichgewicht zwischen Nachfrage und Angebot. Der Energiefluß vollzieht sich zwischen den Arealsystemen, die im Ökosystem den oben erwähnten Teil- oder Subsystemen entsprechen, d.h. Lebensgemeinschaften derselben Art, die ihre ökologische Nische einnehmen. Bestimmte Pflanzen bilden die Nahrungsgrundlage für bestimmte (herbivore) Tierarten. Die Tiere werden wiederum von anderen (carnivoren) Tieren gefressen, usw. Die bekannten Räuber-Beute-Beziehungen sind durch Schwingungen gekennzeichnet (vgl. Kap. 2.3.3.1). In den Wirtschaftswissenschaften wurde ein umfassendes Modell entwickelt:

Das Modell von Forrester (1968/72)[51]:

Unter System versteht Forrester eine Anzahl von zueinander in Beziehung stehenden Teilen, die zu einem gemeinsamen Zweck miteinander operieren (S. 9). Ent-

scheidend für das Verständnis der Vorgänge im System ist der Rückkopplungsmechanismus; das gegenwärtige und zukünftige Verhalten des Systems wird durch seine eigene Vergangenheit beeinflußt[52] (S. 13 f.). Die Rückkopplungsschleifen benutzen die Ergebnisse vorausgegangener Handlungen als Information zur Kontrolle zukünftiger Aktionen. Es gibt zwei Arten von Rückkopplungsschleifen:
1. Die negativen Rückkopplungsschleife sucht ein Ziel, bei Abweichung veranlaßt sie das System, zu reagieren;
2. Die positive Rückkopplungsschleife veranlaßt Wachstum des Systems.
Generell gilt, daß die Rückkopplungsschleife einen geschlossenen Pfad darstellt, der eine Verbindung herstellt zwischen
- der Entscheidung, die eine Handlung steuert,
- den tatsächlichen Zustand des Systems, und
- den Informationen über diesen Zustand; sie werden zur Stelle, wo die Handlungsentscheidung getroffen wird, zurückmeldet. Diese Informationen können falsch sein, doch entscheiden sie über das weitere Verhalten. Nach Erhalt der Informationen beginnt der nächste Durchlauf, die nächste Handlung greift in das Systemverhalten ein (S. 19). Auf die Rückkopplungsschleife wirkt zusätzlich der Ressourcenvorrat für den Handlungsablauf ein, außerdem sind Konstanten beteiligt, die die Zielvorstellung sowie den Zeitablauf markieren. Da jeder Durchlauf Zeit benötigt, können Schwankungen im Systemverhalten auftreten.

Die Schleifen lassen sich durch Gleichungen beschreiben. Das System ändert sich Schritt für Schritt, und die Veränderungen werden akkumuliert. Bei der Erstellung des Modells müssen im allgemeinen verschiedene Rückkopplungsschleifen miteinander verknüpft werden. Dabei muß klar sein, wie die internen Hierarchien beschaffen sind. Durch diese Verknüpfungen und durch Hinzufügen weiterer Komponenten kommt es zu Nichlinearitäten, die den Systemverlauf unvorhersehbar machen.

Mit dieser Modellkonstruktion konnte Forrester die Entwicklung einer Reihe von Variablen, die die Eigenschaften und Zusammenhänge der eine Stadt gestaltenden Prozesse simulieren. Wichtige Parameter waren Geburtenrate, Wanderungen, Beschäftigung, Arbeitslosigkeit, Industrieproduktion, Steueraufkommen, Hausbau, Slumentwicklung etc.[53]

Später wurde das System weltweit angewandt und diente dem Club of Rome 1972 als Basis für seine Bewertung des Zustandes der Menschheit auf der Erde im Zusammenhang mit den zur Verfügung stehenden Ressourcen.[54] In diesem Modell wurden sachlich verschiedene Dinge wie die Bevölkerungszahl, die Produktion des Bergbaus, der Industrie, der Landwirtschaft und der Dienstleistungen sowie die Menge der bekannten Bodenschätze, die Umweltvoraussetzungen etc. zusammengefügt, also Systeme, die - wie die Ökosysteme - aus sachlich definierten Komponenten bestehen.

Die dabei abgegebenen Prognosen waren allerdings z.T. nicht befriedigend. Dies lag an vielfach unzureichenden statistischen Unterlagen, z.T. aber auch am Modell selbst. Es stellte sich heraus, daß die letztlich deterministische Systemstruktur die

Wirklichkeit nur sehr unscharf widerspiegelt. So wurde das Modell weiter verfeinert.[55] Es wird vereinzelt noch in den Wirtschaftswissenschaften eingesetzt, darüber hinaus auch zur Simulation von Ökosystemen.

2.3.3.3. Soziale Struktur und soziales Handeln

Die hochkomplexen sozialen Systeme lassen sich in ihren vielfältigen Erscheinungsformen besonders schwer durchschauen. Mehrere in den Sozialwissenschaften entwickelte qualitative Theorien thematisieren den Aufbau der Gesellschaft als einer komplexen Struktur. Hier können von den z.T. umfangreichen Erörterungen nur einige Grundgedanken dargelegt werden, und das auch nur, insoweit sie für uns von Belang sind. Ich wähle hier aus:

Zur Strukturationstheorie (Giddens 1984/88)[56]:

Giddens interpretiert menschliches Handeln in seiner Raum- und Zeitbedingtheit und versucht, zwischen der Mikroebene des Handelns und den Makrostrukturen der Gesellschaft eine Brücke zu schlagen. Im Mittelpunkt steht die Frage, inwieweit soziale Strukturen von Handelnden geschaffen werden und inwieweit das Handeln von den gegebenen Strukturen gesteuert wird.

Das menschliche Handeln wird als ein kontinuierlicher Verhaltensstrom gesehen (S. 53). So interessieren nicht die Handlungen selbst, als begrenzbare und inhaltlich definierbare Aktionen. Handeln erscheint vielmehr als physische Aktivität im Fluß des Alltagsverhaltens (S. 118). So wird zweckgerichtetes Handeln im allgemeinen auch nicht als separat intendiert und direkt motiviert angesehen, sondern im Zusammenhang mit den allgemeinen gewohnheitsmäßigen Praktiken über Raum und Zeit hinweg (S. 116). "Die Routinierung des Handelns ... ist die Hauptbedingung für eine effektive reflexive Steuerung eben dieses Handelns seitens der menschlichen Akteure" (S. 159).

Diese reflexive Steuerung des Handelns richtet sich nicht nur auf das eigene Verhalten, sondern auch auf das anderer Handelnder. So steuern die Handelnden kontinuierlich den Fluß ihrer Aktivitäten und erwarten dasselbe von anderen Handelnden, sie kontrollieren routinemäßig ebenso die sozialen und physischen Aspekte des Kontextes, in dem sie sich bewegen.[57]

Die kontextuellen Aspekte von Orten, an denen sich die Handelnden auf ihren alltäglichen Wegen begegnen, ist für die Analyse der Raum-Zeit-Koordinaten sozialen Handelns von Bedeutung, ebenso wie die Untersuchung der regionalen Unterschiede (S. 340). Die Raum-Zeit-Wege, denen die Handelnden in ihren alltäglichen Aktivitäten folgen, "sind weitgehend von grundlegenden institutionellen Parametern der entsprechenden sozialen Systeme beeinflußt und reproduzieren sie gleichermaßen" (S. 196).

Die Konstitution von Handelnden und Strukturen betrifft nicht zwei unabhängig voneinander gegebene Mengen von Phänomenen, sie bilden also nicht einen Dualismus, sondern beide Momente stellen eine Dualität dar (S. 77). Die Dualität der Struktur ist entscheidend für den Begriff der Strukturierung.[58]

Giddens unterscheidet die Begriffe System, Struktur und Strukturierung. Die "reproduzierten Beziehungen zwischen Akteuren oder Kollektiven, organisiert als regelmäßige soziale Praktiken", werden als System bezeichnet. Die "Regeln und Ressourcen oder Mengen von Transformationsbeziehungen, organisiert als Momente sozialer Systeme", werden als Strukturen definiert, und die "Bedingungen, die die Kontinuität oder Veränderung von Strukturen und deshalb die Reproduktion sozialer Systeme bestimmen" als Strukturierung (S. 77).

Gesellschaften sind einerseits soziale Systeme, und zur gleichen Zeit sind sie durch die Verschränkung einer Mehrzahl sozialer Systeme konstituiert (S. 217). Ihnen dienen ganz bestimmte Strukturprinzipien dazu, über Raum und Zeit hinweg ein bestimmtes umfassendes Gefüge von Institutionen zu konstituieren (S. 171 f., 218).

Die Bewertung des Handelns für die Struktur der Gesellschaft und die Erkenntnis selbstregulativer Prozesse haben die soziologische Diskussion befruchtet. So findet Giddens wohl den Zugang zur Selbstregulation, nicht aber zur Selbstorganisation, d.h. zur Bildung von räumlich differenzierten Strukturen. Die in diesem Zusammenhang wichtige Arbeitsteilung wird nicht zur Erklärung von Selbstorganisationsprozessen herangezogen, sondern nur zur Charakterisierung von Produktionsweisen in Unternehmen und zur Erläuterung von Reproduktionskreisläufen in der Gesellschaft[59] (auch in Auseinandersetzung mit Karl Marx). Die Populationen - z.B. Familien, Betriebe, Gemeinden, Völker etc. - spielen bei Giddens keine Rolle. Sie aber sind es, die sich selbst als Nichtgleichgewichtssysteme organisieren (vgl. Kap. 2.4).

Zur sozialgeographischen Handlungstheorie (Werlen 1995-97)[60]:

Werlen setzt sich mit Giddens auseinander. Das menschliche Handeln steht im Mittelpunkt seiner Überlegungen. Im Gegensatz zu Giddens mißt er aber auch dem Individuum selbst einen angemessenen Platz zu. Er bezieht sich auf die in den 70er Jahren von Jarvie entwickelte Konzeption des methodologischen Individualismus (Bd.1, S. 36) und zitiert Jarvie: Der methodologische Individualist ..... "betont, daß Gesellschaften und gesellschaftliche Entitäten aus individuellen Personen, ihren Handlungen und Beziehungen bestehen, daß nur Individuen Ziele und Interessen haben, daß individuelle Handlungen als Versuche zu verstehen sind, unter gegebenen Umständen Ziele zu verwirklichen und daß die Umstände sich aufgrund individueller Handlungen verändern können". Diese Konzeption wird von Werlen grundsätzlich übernommen, jedoch im Detail revidiert. Dabei vertritt er die Auffassung, "daß empirisch gehaltvolle makroanalytische Aussagen der Sozialwissenschaften auf Aussagen über Handlungsregelmäßigkeiten und deren Folgen zurückführbar sein müssen" (Bd. 1, S. 46).

Nur Handlungen besitzen nach Werlen eine generative Kraft, nur Individuen können Ziele verfolgen; Gruppen, soziale Bewegungen oder soziale Klassen als solche sind dazu nicht in der Lage. Durch ihre statistische Aggregierung werden Handlungen wirksam, nicht aber als Teile hypostasierter Ganzheiten. "'Kollektive Handlungen' sind in diesem Sinne zu verstehen als das koordinierte Handeln mehrerer Akteure im Hinblick auf eine mehr oder weniger geteilte gemeinsame Vorstellung, wie die soziale Welt sein sollte, aber nicht als das Handeln eines Kollektivs an sich" (Bd. 1, S. 40). Deshalb fordert Werlen, primär Handlungen und Handlungsergebnisse zu erforschen, erst sekundär Strukturen oder Kollektive.

"Handeln führt häufig zu unbeabsichtigten Folgen. ... Handeln können nur Subjekte, und sie sind es auch, die beabsichtigte und unbeabsichtigte Folgen hervorbringen, die ihrerseits wiederum zu den Bedingungen des Handelns zu einem späteren Zeitpunkt oder anderer Subjekte werden" (Bd. 2, S. 151).

Handlungen weisen immer mindestens eine sozial-kulturelle (insbesondere institutionelle) und eine subjektive und physisch-biologische (körperliche) Komponente auf (Bd. 1, S. 45). Letztere vor allem führt dann zum Raumbegriff. Der Raum wird vom handelnden Subjekt konstituiert. Er wird immer nur als eine Kurzbeschreibung von Problemen und Möglichkeiten verstanden, "die sich in Handlungsvollzügen im Zusammenhang mit der Körperlichkeit der Handelnden und den Orientierungen in der physischen Welt ergeben.." (Bd. 1, S. 240). Dementsprechend dürfen Regionen nicht einfach als objektiv gegeben angesehen werden. Vielmehr beziehen die Subjekte einerseits über ihr alltägliches Handeln die Welt auf sich, andererseits gestalten sie sie erdoberflächlich in materieller und symbolischer Hinsicht (Bd. II, S. 212). Die Konstitution der Gesellschaft und die alltäglichen Regionalisierungen sind ein und dieselbe Praxis, die Regionalisierung ist eine spezifische Dimension der Konstitution der Gesellschaft (Bd. 2, S. 409).

Alles in allem ist so die Forderung des revidierten methodologischen Individualismus konsequent umgesetzt worden. Doch gewinnt man den Eindruck, als wenn dies zum Problem würde. Das Konstrukt trägt atomistische Züge, der Raum zerbröselt, da er an die Handlungen gebunden ist, diese aber nur als aggregiert betrachtet werden dürfen. Natürlich sind es die Individuen, die letztlich alles bewirken. Aber sie sind in ihren Handlungen ja nicht ganz frei, vielmehr Zwängen ausgesetzt, die ihrerseits auf übergeordnete Zusammenhänge zurückzuführen sind. Vor allem sind die Handlungen in arbeitsteilige Prozesse eingebunden. Werlen verweigert eine systemtheoretische Aufarbeitung seiner Überlegungen. Vielleicht liegt es daran, daß der Begriff soziales System von Werlen nur unscharf gesehen wird; er erwähnt soziale Klassen, Gruppen, soziale Bewegungen, Kollektive (Bd.1, S. 45), aber auch den Staat (Bd. 1, S. 46); hier ist doch zu unterscheiden. Ich zweifle, daß so komplexe Sachverhalte wie die Struktur der Gesellschaft ohne Berücksichtigung der interdisziplinären Bemühungen in der System- und Komplexitätsforschung behandelt werden können.

Zur soziologischen Systemtheorie (Luhmann 1984, 1998)[61]:

Während die Überlegungen von Giddens und Werlen ganz aus der Perspektive der Fließgleichgewichtssysteme erfolgten, finden sich bei Luhmann neue Begriffe, die der naturwissenschaftlichen Chaostheorie und Komplexitätsforschung entstammen. Für Luhmann ist das Problem der Differenzierung des sozialen Systems, d.h. seine Herausbildung in seiner Umwelt entscheidend. Er überträgt das Konzept der selbstreferentiellen Operationsweise auf die Theorie sozialer Systeme; soziale Systeme können sich nur dadurch ausdifferenzieren, daß sie sich auf sich selbst beziehen. Die selbstreferentiellen Systeme konstituieren sich als Einheit strukturell durch Selbstorganisation, auf der Ebene der Elemente durch Autopoiese (1984, S. 60 f.), d.h. Selbstschaffung (Luhmann verwendet den Begriff aber im Sinne von Selbstorganisation; vgl. Kap. 2.4.3.3).[62]

Systeme geben sich einen Sinn. Durch die Sinngebung rückt ein Faktum in den Blick, ins Zentrum der Intention, anderes wird marginal (1984, S. 95). Das bedeutet gleichzeitig Selektion. "... die Grenzen zur Umwelt sind Sinngrenzen, verweisen also zugleich nach innen und nach außen. Sinn überhaupt und Sinngrenzen insbesondere garantieren dann den unaufschiebbaren Zusammenhang von System und Umwelt" (1984, S. 95/96).

Elemente ("zum Beispiel: Atome, Zellen, Handlungen") sind jeweils das, was für ein System als nicht weiter auflösbare Einheit fungiert (obwohl es als solches durchaus hochkomplex zusammengesetzt sein kann; 1984, S. 43). Sie dienen den Systemen, die sie als Einheit verwenden, und umgekehrt sind sie nur durch diese Systeme Elemente. Zwar wäre es logisch möglich, jedes Element mit jedem anderen zu verknüpfen, doch dies kann kein System realisieren. Aus diesem Grunde ist es nötig, Komplexität zu reduzieren.

Komplexität entsteht durch Selektion, man könnte Selektion als Dynamik der Komplexität bezeichnen (1984, S. 71). Es handelt sich um "organisierte Komplexität", d.h. daß Elemente selektive Beziehungen untereinander haben. "Als komplex wollen wir eine Menge von Elementen bezeichnen, wenn aufgrund immanenter Beschränkungen der Verknüpfungskapazität der Elemente nicht mehr jedes Element jederzeit mit jedem anderen verknüpft sein kann" (1984, S. 46).

Die Selektion erfolgt in Prozessen. Dabei schließen konkrete selektive Ereignisse, d.h. Handlungen verschiedener psychischer und sozialer Systeme, zeitlich aneinander und bauen aufeinander auf. Kommunikation wird durch Handlungen asymmetriert, Prozesse markieren so die Irreversibilität. Strukturen halten dagegen die Zeit fest. Struktur und Prozeß setzen sich wechselseitig voraus (1984, S. 73/4, 161, 634).

Diese allgemeinen 1984 publizierten Überlegungen zu sozialen Systemen spezifizierte Luhmann in den folgenden Jahren anhand verschiedener Funktionssysteme (er erwähnt Wirtschaft, Kunst, Recht). Diese Systeme, zudem Organisationssysteme (z.B. soziale Schichtung, Systeme, die ihre Grenzen primär über Mitgliedschaft regulieren; 1984, S. 268), soziale Bewegungen (z.B. nationale Bewegung, Frauen-, Jugendbewegung, religiöse Erneuerung; 1984, S. 545 f.) setzen die Existenz des Gesellschaftssystems bereits voraus. Ihm widmete Luhmann sein 1998 publiziertes Werk.

Das Gesellschaftssystem schafft sich durch Kommunikation selbst, und umgekehrt definiert die Kommunikation die Gesellschaft. Beide stimulieren sich in einem

Kreisprozeß gegenseitig.[63] Die physikalischen, organischen, neurophysiologischen Bedingungen sind der Umwelt zuzuordnen. Sie sind für die Konstitution der Gesellschaft als System erforderlich, gehören ihr aber nicht an. Die Selbstreproduktion erfolgt ausschließlich durch Kommunikation, dadurch erhält das Gesellschaftssystem auch klare Konturen. Eine Differenzierung des Gesellschaftssystems beruht nicht auf einer Differenzierung in der Umwelt (in der Umwelt gibt es keinen Adel, keine Politik, keine Wirtschaft, keine Familien; 1998, S. 14).

Luhmann ordnet (z.T. aus den Geistes- und Naturwissenschaften) bekannte und von anderen (sozialwissenschaftlichen) Autoren verwendete Begriffe, um sie widerspruchsfrei miteinander zu verbinden. Er tastet sich von Begriff zu Begriff vor, die Auswahl wird von ihm selbst getroffen. Die Begriffe sind z.T., wie erwähnt, dem naturwissenschaftlichen Begriffsapparat entnommen; sie beschreiben dort Phänomene, die bisher, vor dem Hintergrund der nicht klar definierten Grenze zwischen Fließgleichgewichtssystem und Nichtgleichgewichtssystem nur unscharf interpretiert werden können (vgl. Kap. 2.3.3.4, 2.4). Auf diese Weise schafft er sich ein Konstrukt, das viele Aspekte einschließt, das dabei aber eine eigenartige Zwitterstellung einnimmt. Jeder Begriff wird von verschiedenen Seiten beleuchtet und so interpretiert, daß er das Theoriegebäude stützt. Daraus ergeben sich aber zwei Probleme:
1. Luhmann greift auf empirische Ergebnisse der Natur- und Sozialwissenschaften nur insoweit zurück, als sie ihm für sein Vorhaben wichtig erscheinen. Insofern kann man die Theorie nur daraufhin überprüfen, ob sie in sich stimmig ist.
2. Die durch die Begriffe angesprochenen Sachverhalte werden nicht auch in ihrer räumliche Gestalt verstanden. Z.B. soll der Begriff Selbstreferentialität die Selbstorganisation und die Autopoiese einschließen. Selbstorganisierte und autopoietische Systeme bilden aber nicht nur sachlich, sondern auch räumlich sich definierende Einheiten. Insofern sind Wirtschaft oder Recht nicht, wie Luhmann meint, selbstreferentielle Systeme; wir würden sie inhaltlich als Institutionen bezeichnen. Sie können räumlich eingegrenzt werden (wie die Tope als Wirtschaftseinheiten oder die Gültigkeitsbereiche von Rechtsvorschriften), dann können es der Grundstruktur nach Fließgleichgewichtssysteme sein, die sich aber nicht selbst organisieren können. Selbstorganisation ist immer auch mit Arbeitsteilung, verknüpft. Sich selbst organisierende Systeme müssen sich nicht nur sachlich (durch ihren Sinn), sondern auch räumlich voreinander abgrenzen.[64] Erst recht gilt dies für autopoietische Systeme, die sich selbst reproduzieren, d.h. ihre Elemente selbst herstellen (vgl. Kap. 2.4.3.3): ein Lebewesen, das nicht nach außen abgegrenzt ist, gibt es nicht. Man kann den Raum nicht einfach ignorieren. Soziale Systeme nehmen Räume ein, und sich selbst organisierende Systeme gestalten ihre Räume, indem sie sich selbst gestalten (vgl. Kap. 2.4).

2.3.3.4. Chaosforschung und verwandte Ansätze[65]:

In den Naturwissenschaften wurden neue Gedanken zu Nichtlinearität, chaotischen Prozessen und Komplexität entwickelt und experimentell unterstützt. Um zu verdeutlichen, worum es sich handelt, kommen wir wieder auf die Logistische Kurve zurück (vgl. Kap. 2.3.3.1). Die Diffusionsgeschwindigkeit hängt von einer Konstante, dem Wachstumsparameter, ab; je größer dieser Wert ist, umso rascher erfolgt die Ausbreitung. Wird dieser Parameter über einen gewissen Grenzwert hinaus erhöht, wird das System "gestreßt". Der Markt z.B. zeigt Turbulenzen, hektische Sprünge auf- und abwärts sind die Konsequenz. Schließlich reagiert das System chaotisch. Wir sprechen von deterministischem Chaos, deterministisch deshalb, weil man alle Gesetze, denen die Elemente auf der Mikroebene folgen, kennt, so daß die Entwicklung in Simulationsverfahren mathematisch jederzeit reproduzierbar ist, Chaos deshalb, weil sich die Entwicklung auf der Makroebene nur kurze Zeit voraussehen läßt. Ein Beispiel ist das Wettergeschehen.

Bisher haben wir zwei Entwicklungen des Systems kennengelernt, die auf Zustände zielen, in denen es - bei sich nicht wandelnden Randbedingungen - über einen langen Zeitraum verharren kann. Wir nennen diese angestrebten stabilen oder quasistabilen Zustände Attraktoren. Der erste dieser Attraktoren ist der Gleichgewichtszustand, der immer dann angestrebt wird, wenn ein System vom Energiezufluß abgeschnitten wird (entsprechend dem 2. Hauptsatz der Thermodynamik; Gleichgewichtssystem, vgl. Kap. 2.2). Der zweite Attraktor wird erkennbar, wenn Nachfrage und Angebot im Energiefluß das System in der Schwebe (meistens mit Schwingungen um einen Mittelwert; Fließgleichgewichtssystem, vgl. oben) halten. Nun, am Rande des Chaos, kommt als dritter der "seltsame Attraktor" hinzu. In einem begrenzten Phasenraum, dessen Dimensionen durch die das System konstituierenden Parameter gebildet werden, springt das System zwischen verschiedenen Zuständen hin und her, der Weg des Systems gabelt sich also (Bifurkation). Wenn der Wachstumsparameter langsam weiter erhöht wird, gabeln sich die Wege weiter auf, es kommen immer neue Möglichkeiten hinzu. Welcher der Entwicklungswege vom System gewählt wird, hängt oft von kleinen Fluktuationen ab, die sich dann nicht vorhersehen lassen. Immerhin, wir befinden uns noch am Rande des Chaos, d.h. es werden noch nicht alle Möglichkeiten, die der Phasenraum erlaubt, vom System durchlaufen. Wenn der Rand überschritten wird, herrscht das eigentliche Chaos, es gibt keine erkennbare Ordnung mehr.

Die Wachstumsparameter können mit verschiedenen Eigenschaften versehen, u.a. periodisch variiert werden. Bei der Untersuchung der Entwicklungsbedingungen lassen sich in diesem Rahmen immer neue Muster von z.T. bizarrer Schönheit finden, wenn das System in "richtiger" Weise unter Streß gesetzt wird. Dazu bedarf es oft ganz einfacher mathematischer Vorschriften.

Die neuen Muster erscheinen dem Betrachter als Anzeichen neuer Ordnungsstrukturen. Die Chaosforschung und Synergetik befassen sich mit diesen Problemen. Hier kommen nun nicht nur die Systeme, insofern sie aus Komponenten und Teilsystemen wie in der Ökosystemforschung (vgl. Kap. 2.3.3.2, 2.6) bestehen, zur Geltung, vielmehr handelt es sich um aus individuellen Elementen zusammengesetzte Systeme. Man kann die Entwicklung zum Rand des Chaos so deuten, daß die Kontrolle innerhalb des Systems zerstört wird und die Elemente aus sich heraus eine neue Ordnung suchen. Die Chaosforschung hat sich - wie die Systemforschung auch - zu einer interdisziplinären Arbeitsrichtung entwickelt.

Wie aus soziologischer Sicht diese Ergebnisse verarbeitet werden, sei an einem Beispiel demonstriert:

Selbstorganisation aus soziologischer Sicht (Hejl 1992)[66]:

Die Probleme bei der Erfassung von Komplexität und Emergenz haben viele Forscher zu eigenen Gedanken angeregt. Sie können hier nicht alle vorgestellt werden. Hejl betrachtet das Problem aus konstruktivistischer Sicht; danach sind Wahrnehmungen vom Wahrnehmenden abhängig, die "Wirklichkeit" ist das Ergebnis eines Verarbeitungs- und Konstruktionsprozesses. So definiert er Sozialsysteme als eine Menge von Individuen. Bedingung ist (a), daß sie sich die gleiche Wirklichkeit konstruiert haben und (b) mit Bezug auf diese Wirklichkeitskonstruktion handeln und interagieren (S. 270). Die Individuen sind die Komponenten (wir würden sie Elemente nennen. Fl.) eines sozialen Systems, aber nur insoweit, als sie an dessen Interaktionen teilnehmen (S. 274). So sind Individuen an vielen sozialen Systemen beteiligt.

Soziale Systeme bestehen aber nicht nur aus Komponenten (Elementen), sondern auch aus der Organisation, die sie bilden (S. 297). Sie wird durch Autonomisierung und Selektivität gekennzeichnet. Die Organisation des Systems ist vom Verhalten einzelner Komponenten (Elemente) unabhängig (autonom), nicht jedoch vom Verhalten aller Komponenten (Elemente). Zwischen den (unterschiedlich gearteten) Komponenten (Elementen) besteht ein Netz von Input/Output-Beziehungen, die selektiv vom System genutzt werden (S. 278/9). Einfacher strukturierte soziale Systeme können durch Arbeitsteilung in die Lage versetzt werden, sich selbst zu organisieren. Dabei kommt es zu einer Wechselwirkung zwischen der Ebene der Komponenten (Elemente) und der Systemorganisation, durch die beide sich verändern. Systeme, in denen diese Art von Wechselwirkung auftritt, bezeichnet Hejl als selbstorganisierende Systeme (S. 285).[67]

Das System entsteht dann mit seiner Organisation. Es verhält sich "emergent". Emergenz bezieht sich also auf organisationsbedingte Systemeigenschaften. Gleichzeitig können Systeme, deren Organisation sich selbstorganisierend ändert, auch früher emergierte Eigenschaften wieder verlieren ('Imergenz') und durch andere ersetzen (S. 289).

Hejl unternimmt es also, Klarheit in dem Definitionsfeld System, Selbstorganisation und Emergenz zu schaffen. Es wird hier aber nicht nur beabsichtigt, die verschiedenen Erscheinungen in eine Ordnung zu bringen - wie bei Giddens und Luhmann; vielmehr wird versucht, unter Berücksichtigung der in den Naturwissenschaften erarbeiteten Ergebnisse die Selbstorganisation und die Emergenz plausibel zu machen.

Allerdings, in diesen und vergleichbaren Abhandlungen werden zwar die Definitionen gegeben, aber es kommt nicht zu einer präziseren Beschreibung oder gar Erklärung dessen, was im Detail in den Strukturen und Prozessen vor sich geht. Die Ansätze lassen sich nur teilweise miteinander vergleichen und kombinieren, zumal dann, wenn die Beispiele nur punktuell aufgeführt sind.

Generell läßt sich über die soziologischen Theorien sagen, daß die Diskussionen vielfach im Abstrakten bleiben, so daß eine Überprüfung sich auf die interne Stimmigkeit der Aussagen beschränken muß. Dem Leser ist es kaum möglich, auf der konkreten Ebene zu Urteilen zu kommen oder gar Zusammenhänge mit selbst Beobachtetem herzustellen. Man kann so zu dem Schluß kommen, daß Worte allein nicht genügen. Die Sprache hat ihre eigenen Gesetze, sie kann die Gedanken lenken und zu begrifflichen Konstrukten führen, über die man zwar gut diskutieren kann, die sich oft aber vom einigermaßen gesicherten Grund abheben. So bleiben manche Festlegungen trotz z.T. ausführlicher Behandlung eigenartig unscharf oder ungedeutet, sie können richtig oder falsch sein, wer entscheidet dies? Vielleicht ist das auch ein Indiz dafür, daß Komplexität (also das Verwobensein von Prozessen, die sich zu einem Ganzen fügen; vgl. Kap. 2.0) -, so nicht erfaßt werden kann.

Was wir bei den in der Chaosforschung behandelten Systemen vorfinden, sind einerseits Fließgleichgewichtssysteme, andererseits aber auch fluktuierende, nicht dauerhafte Nichtgleichgewichtssysteme, die der nächsthöheren Komplexitätsstufe (vgl. Kap. 2.4) zugerechnet werden könnten. Beide Systemtypen sind aber vermengt. Die Chaosforschung und die verwandten Ansätze arbeiten in einem Medium, das sehr schwierige Untersuchungsbedingungen aufweist; es ist typisch für die anorganischen Systeme in der Luft-, Wasser- und Gesteinshülle unseres Planeten (vgl. Kap. 2.6.3), daß in ihnen dauernd neue Substanzen und Formen geschaffen oder aufgelöst werden. Nur mit Unterstützung von außen (z.B. im Rahmen von biotischen oder sozialen Systemen) kann es zu dauerhaften Nichgleichgewichtssystemen kommen. Ich habe lange überlegt, ob ich diese Systeme in dem den Fließgleichgewichtssystemen gewidmeten oder in dem folgenden Kapitel (2.4) behandeln soll, das sich mit den Nichtgleichgewichtssystemen beschäftigt. Es erschien mir besser, sie hier einzuordnen, da bei diesen Prozessen im Allgemeinen nicht das Zeitbudget dauerhaft geordnet wird wie in den eigentlichen Nichtgleichgewichtssystemen.

Die Komplexitätsforschung sieht mit Recht in den in der Chaoforschung entwickelten Mustern erste Anzeichen der Selbstorganisation der Materie. Sie versucht nun aber, weit fordernder als die System- und Chaosforschung, in den Bereich hochkomplexer Strukturen vorzudringen und diese zu simulieren (z.B. "Artificial Life").[68] Das Projekt der "Artificial Society" soll hier kurz angesprochen werden, um zu prüfen, inwieweit diese Arbeiten für uns von Belang sind - dies umso mehr, weil auch wir bei unserem eigenen prozeßtheoretischen Ansatz von Beobachtungen in der menschlichen Gesellschaft ausgehen.

Das Modell der Artificial Society (Epstein und Axtell 1996)[69]:

Generell betrachtet agieren Handelnde ("agents") in einer räumlichen Umgebung nach bestimmten Regeln. Die Handelnden sind die "Menschen" der Artificial Society. Jeder von ihnen ist mit bestimmten Eigenschaften und Verhaltensregeln ausgestattet. Einige Eigenschaften sind unveränderlich (z.b. Geschlecht, Sehvermögen, Stoffwechselrate), andere dagegen wechseln, wenn die Handelnden mit anderen Handelnden oder mit der räumlichen Umwelt interagieren (z.b. individuelle ökonomische Präferenzen, Wohlstand, kulturelle Identität, Gesundheit). Dies wird in Regeln festgemacht, die das Verhalten der Handelnden und die Reaktionen der Umwelt beschreiben.

Die räumliche Umwelt, in der sich die Artificial Society entfaltet, mag als Landschaft interpretiert werden, mit unterschiedlich verteilten Ressourcen von erneuerbarer Energie. Z.B. können dies Nahrungsmittel sein, die von den Handelnden gegessen und verdaut werden. In dem Modell erscheint die Umwelt als ein Gitter, auf dem die Ressourcen verteilt sind. Auf diese Weise werden die Operationen formalisierbar. Die Handelnden können indirekt mit der Umwelt interagieren, über ein Kommunikationsnetz, dessen geometrische Konfiguration sich über die Zeit ändern kann.

Eine einfache Verhaltensregel für die Handelnden mag sein: "Betrachtet Eure Umwelt, soweit Ihr sehen könnt, findet die in Euren Augen lohnendsten Nahrungsquellen, geht dorthin und eßt!" Damit wird der Handelnde an seine Umwelt gebunden (Handelnder-Umwelt-Regeln). Umgekehrt mag jeder Ort der Landschaft mit dem benachbarten Ort durch Regeln verknüpft sein, wie bei den zellularen Automaten. So kann die Rate der Ressourcenerneuerung an einem Ort eine Funktion der Ressourcenmenge am Nachbarort sein (Umwelt-Umwelt-Regeln). Schließlich gibt es Regeln, die das Verhältnis der Handelnden untereinander festlegen, z.B. bei Streit oder bei Handelsbeziehungen (Handelnder-Handelnder-Regeln).

Die Simulation wird gestartet, indem z.B. eine Gruppe Handelnder, ausgestattet mit bestimmten Eigenschaften und Verhaltensregeln, in die Umwelt (also das Landschaftsgitter mit vorgegebenen, örtlich vielleicht unterschiedlichen Reaktions-Eigenschaften) entlassen wird. Nun kann man beobachten, wie sich makroskopisch die sozialen Muster organisieren. Z.B. formieren sich Strömungen, oder es kommt zu mehr oder weniger eindeutigen Konzentrationen von Handelnden mit bestimmten Merkmalen. Die Muster verändern oder stabilisieren sich.

In zahlreichen Kartogrammen und Diagrammen werden die Ergebnisse vorgestellt. Die Autoren heben hervor, daß nicht so überraschend ist, daß sich makroskopisch solche Formen emergent bilden, sondern vielmehr die Tatsache erstaunt, daß simple lokale Regeln genügen, um dies zu erreichen (S. 52). Entsprechend ihrer Interpretation bilden sich Populationen, häufen sich Wohlstand und Armut an verschiedenen Orten, entstehen soziale Beziehungen zwischen Nachbarn oder Freunden, formieren sich Strukturen von Handelsbeziehungen, diffundieren Krankheiten, etc.

Die Simulationsabläufe werden also als Aktivitäten und Prozesse angesehen, die so oder doch ähnlich für die menschlichen Gesellschaft kennzeichnend sind. Die Ergebnisse, die sich als Verteilung der Handelnden im Raster der zellularen Automaten darstellen,[70] werden von den Autoren zwar hoch bewertet, [71]für kritische Außenstehende sind sie aber ernüchternd. Es werden Muster erkennbar, wie sie bei Verläufen von Diffusionen in Fließgleichgewichtssystemen auftreten können, auch lassen sich Ansätze von Selbstorganisation erkennen, die auf Nichtgleichgewichtszustände hindeuten. Aber ist dies eine "künstliche Gesellschaft"? Das Problem ist, daß versucht wird, die Methoden der Chaosforschung, die den fluktuierenden Systemen in der Luft-, Wasser-, Gesteinshülle der Erde (vgl. Kap. 2.4.3.4) angemessen sind, auch auf die menschliche Gesellschaft mit ihren dauerhaften Strukturen anzuwenden. Was dort geht, geht hier nicht. Die dauerhaften Nichtgleichgewichtssysteme in der Gesellschaft sind mit einem solch einfachen Ansatz nicht zu erfassen, denn sie ordnen ihr Zeitbudget (mithilfe der Prozeßsequenz) und sind arbeitsteilig strukturiert. Dies wird von Epstein und Axtell nicht nachempfunden. Die menschliche Gesellschaft ist in sich strukturiert, bildet begrenzbare Populationen und Hierarchien; Informations- und Energieflüsse werden kanalisiert und sinnvoll miteinander verknüpft. Wie kommt dies alles in der sog. Komplexitätsforschung zur Geltung? Wenn man, wie in der Chaosforschung, zwischen den Systemtypen, insbesondere den Fließ- und den Nichtgleichgewichtssystemen (vgl. Kap. 2.4), die ja jeweils verschiedenen Komplexitätsstufen angehören, nicht sorgfältig unterscheidet, kommt man nicht zu einem Ergebnis, das den Anforderungen, die man an die Begriffe Komplexität und Selbstorganisation stellen muß, gerecht wird. Sich selbst organisierende Systeme, die sich als eigenständige räumliche Gebilde gerieren, die Energie umwandeln, Produkte herstellen, kann man so nicht erfassen. Kein noch so leistungsstarker Computer kann diesen strukturellen Sprung vom Fließgleichgewichts- zum dauerhaften Nichtgleichgewichtssystem, ohne entsprechende zusätzliche Anweisungen "von oben", ausgleichen. Dies scheint das Dilemma der Komplexitätsforschung, so wie sie bisher betrieben worden ist, zu sein. Sie bringt gerade nicht ein Verständnis für die Komplexität zustande (über die Definition vgl. Kap. 2.0). So verwundert es nicht, wenn auch einigen Komplexitätsforschern selbst inzwischen Zweifel ankommen, ob sie auf dem richtigen Wege sind.[72]

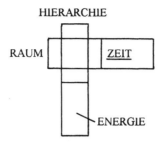

Abb. 14: Thema der 4. Komplexitätsstufe: Energieumwandlung mittels Arbeitsteiliger Prozesse im Nichtgleichgewichtssystem (vgl. Abb. 9). Die Prozesse werden entsprechend der systemischen Zeit-Dimension optimiert.

2.4. Nichtgleichgewichtssystem und Arbeitsteiliger Prozeß[73] (vgl. Abb. 14)

2.4.1. Ein Bauernhof in Wörpedorf, ein sich selbst organisierendes Organisat

Im vorigen Abschnitt hatten wir den Bauernhof als Fließgleichgewichtssystem kennengelernt, das sich auf die Beschaffung von Energie in Form von Produkten der Pflanzen- und Tierwelt konzentriert. Sachlich sind die Energieflüsse in ressourcenorientierte Teilsysteme aufgegliedert (vgl. Kap. 2.3.1). Sie nehmen ihren Ausgang in den zur Untergeordneten Umwelt vermittelnden Topen, werden dann durch die verschiedenen Bindungsebenen des Systems geführt und in Form von Produkten dem Markt angeboten. Es ist dies - aus der Sicht des Systems - ein Verteilungsprozeß, denn die Energieumwandlungen erfolgen außerhalb, in der Untergeordneten Umwelt. Die Arbeitskräfte des Systems Bauernhof haben ihre Position im Ablauf dieses vertikalen Prozesses. In der nun zu behandelnden Komplexitätsebene dagegen werden die Mitglieder des Bauernhofes als arbeitsteilig miteinander kommunizierend betrachtet. Es resultiert ein horizontaler, in Stadien gegliederter Prozeß, der das Organisat vereinheitlicht.

Der Bauernhof in der Siedlung Wörpedorf ist Wohn- und Wirtschaftsort für die Bauernfamilie und die übrigen Mithelfenden, d.h. eine Gruppe von Menschen, die miteinander Aufgaben erfüllen und damit sich selbst den Rahmen für ihre Aktivitäten gestalten. Die Dauerhaften Anlagen mit ihren zahlreichen Topen sind in dem Bauernhof und seiner Parzelle nicht nur im Großen entsprechend der Distanz vom Initialort (des Gehöfts) angeordnet (vgl. Kap. 2.2.3). Vielmehr befinden sie sich auch im Detail untereinander in einer Ordnung, die ein möglichst reibungsloses Miteinander der von den einzelnen Mitgliedern besorgten Handlungsprojekte erlauben soll. Betrachten wir wieder die Hofstätte:

Das eigentliche Bauernhaus ist der Mittelpunkt. Eine Diele bildet das Zentrum, zugänglich von der Giebelseite her durch ein großes Tor. Zu beiden Seiten der Diele befanden sich ursprünglich die Ställe. Heute sind dort Räume und Kammern, die

Wohnzwecken dienen. Der eigentliche Wohnteil befindet sich im rückwärtigen Teil des Hauses; er ist um die Küche angeordnet, die einen eigenen Ausgang zum Garten hat. Die Schlafzimmer für die Familie und die Mithelfenden liegen im ersten Geschoß.

Die Anregung zu den Prozessen wird hier im Wohnhaus als "Verwaltungsstelle" aufgenommen, es werden hier auch die Entscheidungen getroffen und Planungen durchgeführt, während die eigentlichen körperlichen Arbeiten danach in den anderen Räumen und Gebäude des Hofstätte sowie auf den Feldern, Wiesen, Weiden etc. erfolgen.

Der große Dachraum über der Diele des Hauptgebäudes diente früher als Speicher für das Heu und das Stroh. Der Stall liegt separat vom Haupthaus und ist so ausgelegt, daß er relativ leicht bewirtschaftet werden kann. Etwa 10 Kühe und 2 Pferde stehen hier, hinzu kommen separat die Schweinekoben und der Hühnerstall. Das Futter wird in benachbarten Speichern vorgehalten. In einem eigenen Schuppen sind die Geräte und Wagen untergebracht. Der Vorrat an Torf für den Eigenbedarf lagert im Torfschuppen. Aus der vergangenen Zeit existiert noch ein eigener Backofen, und zwar gesondert vom Haupthaus, um die Feuersgefahr zu mindern.

Die Räume und Nebengebäude sind so angelegt, daß zwischen den jeweils ökonomisch am engsten miteinander verbundenen Räumen (auch sie sind ja Tope) die Wege am kürzesten sind, so zwischen Stall und Futterraum, zwischen Küche und Gemüsegarten, zwischen Pferdestall und Maschinenschuppen. Wenn man so will, ist hier jeweils die Weitwirkung eingeplant, wobei es dann also viele Initialorte der Handlungsprojekte gibt, je nach Art der arbeitsteiligen Verknüpfung.

Der Bauernhof ist also so angelegt, daß eine eigenverantwortliche Selbstorganisation erleichtert wird. Die Dauerhaften Anlagen, die Hofstätte, der Garten, die Felder, Wege, Gräben etc. bilden den Rahmen, durch die das organisierte Arbeiten ermöglicht wird. Voraussetzung ist eine klare und gerechte, nachvollziehbare Arbeits- und Kontrollstruktur, die den Mitgliedern ein Zusammenleben und -wirken in einem verbindlichen Rechts- und Handlungsrahmen erlauben. Dies wurde bereits bei der Anlage der Siedlung berücksichtigt, indem jeder Bauer ein genügend großes Stück Land erhielt, mit den von der Natur gegebenen Vor- und Nachteilen, mit Anschluß an Kanäle und Straßen (vgl. Kap. 2.1.1). Jeder Betrieb wurde mit einer Familie besetzt, erhielt gleiche Rechte und Pflichten in der Gemeinde. Auch innerhalb des Betriebes gab es eine klare Ordnung, die von einem Beauftragten, dem Bauern, überwacht wurde. So ist es, wenn sich natürlich auch die gesellschaftlichen und rechtlichen Verpflichtungen und Zuständigkeiten geändert haben, im Prinzip auch heute noch. Der verantwortliche Bauer repräsentiert den Bauernhof als Einheit, die Mithelfenden Familienangehörigen sind als Arbeitskräfte in den Betrieb eingespannt. Vereinfacht gesagt steht das System den Elementen gegenüber. Auch die Arbeitskräfte können die Interessen geschlossen (z.B. wenn ihnen zuviel zugemutet wird) vertreten, so daß wir zwei Einheiten, wie schon bei der Behandlung des Fließgleichgewichtssystems (vgl. Kap. 2.3.2) erwähnt, Systembereich und Elementbereich, voneinander unterscheiden können.

Solcherart in sich gegliederte Betriebe, die sich selbst in ihren Umwelten behaupten müssen, nennen wir Organisate. Neben Bauernhöfen gehören zu ihnen auch Handwerks-, Industriebetriebe, Geschäfte, Ämter, Praxen etc. Die im Organisat engagierten Personen bilden eine Population. Sie ist der "Träger" der Prozesse. Die Mitglieder sind arbeitsteilig aufeinander angewiesen.[74] Die Zuständigkeiten und die Arbeitsabläufe müssen miteinander abgestimmt sein. Im Einzelnen sind es Handgriffe, Handlungsprojekte und Fließprozesse, sie werden in den Organisaten zu komplexeren Prozessen verknüpft, die von verschiedenen Leuten gleichzeitig, arbeitsteilig, durchgeführt werden. So kann man die Aktivitäten zeitlich und räumlich in der Weise neu ordnen, daß sie für das Organisat besonders effektiv sind. Die einzelnen Handgriffe, Handlungsprojekte und Fließprozesse greifen ineinander. Z. B. Wird das Pflügen aller Felder hintereinander vorgenommen, obwohl sie ganz verschiedenen Fließprozessen zuzuordnen sind. Ähnlich die Vorüberlegungen zu dem, was angebaut werden soll, die Reparaturarbeiten am Haus, das Umgraben im Garten, die Betreuung der Tiere in den Ställen, die Pflege der Maschinen, der Kauf des Saatguts und der Verkauf der Frucht, Ausbessern der Zäune, Säubern der Gräben etc. sind nur einige dieser Aktivitäten, die aber alle notwendig sind, um einen Bauernhof zu erhalten. Sie tangieren jeweils mehrere Fließprozesse und müssen alle sorgfältig zeitlich aufeinander abgestimmt und miteinander verbunden werden, so daß die von außen - vom Markt bzw. den Tages- und Jahreszeiten - vorgegebenen Zeittakte eingehalten werden. Die arbeitsteilig miteinander verbundenen Handgriffe, Handlungsprojekte und Fließprozesse erzwingen Verläßlichkeit der Arbeitskräfte und Pünktlichkeit, um die Verknüpfungen zur rechten Zeit vornehmen zu können. Wenn z.B. das Pferd noch nicht gefüttert ist oder ein Schaden an der Egge nicht behoben wurde, kann die vorgesehene Feldarbeit nicht erfolgen. Kommen noch eventuell Witterungswechsel hinzu, kann sich die Einsaat um Tage verschieben. Dies kann zu Einkommensverlusten führen.

Wir hatten das Fließgleichgewichtssystem als ein System kennengelernt, das in Fließprozessen Information und Energie zwischen Übergeordneter und Untergeordneter Umwelt weiterleitet und verteilt. Dabei hatten wir die Vorgänge nur quantitativ betrachtet, ob z.B. in einem Top die Erträge den Erwartungen entsprechen oder ob der Nachfrage nach Getreide genügt wird. Hier nun, in dieser höheren Komplexitätsebene, stellen wir fest, daß die Energie in Form der Substanzen umgewandelt wird, d.h. auch die qualitative Seite berücksichtigt werden muß. Die Nachfrage nach bestimmten Produkten kommt vom Markt als der Übergeordneten Umwelt, die nötige Energie bzw. die Rohstoffe für das Angebot wird der Untergeordneten Umwelt, dem Boden entnommen. Die Rohstoffe aus den verschiedenen Topen in Haus, Garten und Flur werden z.T. umgewandelt, d.h. veredelt, und gemeinsam kalkuliert und verkauft. Die Umwandlung steht bei einem Bauernhof naturgemäß nicht so sehr im Vordergrund wie bei einer Fabrik (vgl. Kap. 2.4.3.2), doch fehlt sie nicht; so muß das Getreide von den Ähren durch Drusch getrennt, das Gemüse gesäubert, das Heu getrocknet, das Viehfutter (z.B. für Schweine) zubereitet, verschiedene Pflanzen in Mieten vergoren werden, etc.

Es handelt sich bei den Produkten um mit Information befrachtete Materie, d.h. Energie, die aus Rohstoffen hergestellt und die paßgenau dem Markt angeboten werden muß. Die Produktion wird von der Population, also dem Bauernhof, entsprechend der aus der Übergeordneten Umwelt (dem Markt) adoptierten Information durchgeführt. Die Materie wird in Form von Produkten zur paßgenau gestalteten, transportablen Energie.

Je größer der Bauernhof, umso größer ist normalerweise der Ertrag, umso sicherer die Existenz. In einer arbeitsteiligen Wirtschaft werden viele Rohstoffe von anderen Organisaten - z.B. Fabriken, Saatzuchtanstalten, Handwerksbetrieben und Dienstleistungsunternehmen der verschiedensten Art - bezogen, also von einer unkontrollierten oder nur teilweise kontrollierten Untergeordneten Umwelt. Um die eigene Existenz zu sichern, tendieren Organisate dahin, die Kontrolle über ihre Roh- und Hilfsstoffquellen zu erhalten oder ausweiten. Es ist dies eine schwache Form der Kontrolle, getragen von Verträgen, freundschaftlicher Verbundenheit und vor allem auch von dem Eigeninteresse des liefernden Partners, der ja selbst seinen Vorteil daraus ziehen will. Bei jedem Organisat, auch bei dem Bauernhof, besteht die Tendenz, sich oder doch seinen Einfluß auszuweiten. Die Konkurrenz anderer, das gleiche Produkt liefernder Organisate bildet natürlich ein Hindernis.

Die übergeordneten Populationen haben ein Interesse an der Existenz der Organisate, um ihre Produkte als Rohstoffe zu erhalten. Z.B. benötigt die Stadt die Nahrungsmittel und andere Produkte als Rohstoffe für ihre eigene Produktion. So besteht über die Märkte eine Produktenkette. Auf diese Weise organisiert sich das Organisat nicht nur raum-zeitlich selbst, sondern entwickelt gleichzeitig aufgrund seiner Einbindung in die Produktenkette und seinen Drang zur Sicherung seiner eigenen Existenz eine beträchtliche Dynamik. Es hat sich so organisiert, daß es energetisch effektiv ist, d.h. es strebt an, ein Maximum an Energie aus der Umwelt zu erreichen, aber nur ein Minimum intern zu benötigen.

Arbeitsteilung und Energieumwandlung zwingen zu einer spezifischen Ordnung der Prozeßstruktur, zum Arbeitsteiligen Prozeß. Die Fließprozesse bleiben substantiell erhalten - jedes Feld muß in genau vorgeschriebener Reihenfolge bearbeitet werden-, doch werden sie so aufgegliedert, daß sie auch sich in den übergeordneten Arbeitsteiligen Prozeß des Organisats einordnen. In diesem Zusammenhang tendieren Organisate auch dazu, sich räumlich selbst so zu ordnen, daß die Fließprozesse auch wirklich miteinander verknüpft werden können. Die (räumliche) Selbstorganisation dient also der Optimierung der Zeitnutzung. Die verschiedenen Handlungsprojekte müssen in der richtigen Reihenfolge und zum jeweils richtigen Zeitpunkt durchgeführt werden, und innerhalb einer bestimmten Zeit müssen alle Feldarbeiten abgeschlossen sein. Nicht nur haben - bei gegebener Feldgröße - die beteiligten Arbeitskräfte ihr Zeitbudget, sondern auch das bearbeitete Ökosystem des Bodens.

Zudem haben sich Produktion und Selbstorganisation vertikal zwischen die Übergeordnete und Untergeordnete Umwelt einzuordnen, und hier kommt ihnen die Aufgliederung in System- und Elementbereich, d.h. in die Bindungsebenen zugute. Aus der Übergeordneten Umwelt, also dem Markt, kommt z.B. die

Nachfrage nach einer bestimmten Menge neuen Getreides. Diese Information einer Innovation wird als Anregung aufgenommen und im Organisat verarbeitet: "Adoption". Genaue Planung ist nötig, wenn nicht unnötig Zeit und Energie verschleudert werden soll. Dann kommt die Arbeit selbst, und dies in Kontakt mit der Untergeordneten Umwelt, also die Nutzung der Geräte, die Düngung, die Einsaat, die Unkrautvertilgung, die Ernte. Es wird produziert ("Produktion"). Beide bilden den Induktionsprozeß. Auf dem Bauernhof ergibt sich folgende Sequenz:
1. Es wird wahrgenommen, daß seitens des Marktes (Übergeordnete Umwelt) ein Bedarf an bestimmten Produkten besteht (1. Bindungsebene): Perzeption;
2. Es wird entschieden, daß diese Produkte arbeitsteilig angebaut werden (2. Bindungsebene): Determination;
3. Die Planung wird durchgeführt, d.h. es wird festgelegt, wie und mit welchen Arbeitskräften die Arbeiten wann durchgeführt werden sollen (3. Bindungsebene): Regulation;
4. Es werden die Feldflächen (Untergeordnete Umwelt), auf dem die Produkte angebaut werden sollen, in möglichst effektiver Anordnung festgelegt (4. Bindungsebene): Organisation (1. Teil).
Dies ist die Aufarbeitung der Nachfrage (Informationsfluß), die Adoption. Es folgt die Produktion, d.h. die Erarbeitung des Angebots (Energiefluß):
5. Die Feldflächen werden zusätzlich entsprechend ihrer Ertragsfähigkeit festgelegt (4. Bindungsebene): Organisation (2. Teil);
6. Der Boden wird von den Arbeitskräften bearbeitet, die Einsaat in die Felder und Beete getätigt, der Aufwuchs gepflegt (3. Bindungsebene): Dynamisierung;
7. Die Ernte wird eingefahren (2. Bindungsebene): Kinetisierung;
8. Die Produkte werden dem Markt (Übergeordnete Umwelt) angeboten (1. Bindungsebene): Stabilisierung.
Adoption und Produktion überlappen sich im Organisationsstadium zeitlich, so daß realiter 7 Stadien verbleiben.

Die Nachfrage und das Angebot werden also nicht nur durch ihre Richtung (wie beim Fließprozeß, vgl. Kap. 2.3.2) getrennt, sondern auch arbeitsteilig aufgegliedert und zeitlich geordnet. Das ganze System Bauernhof ist einbezogen. Erweist sich dieser (marktorientierte) Induktionsprozeß als tragfähig, wird der eigene Betrieb, auf den Erfahrungen aufbauend und entsprechend der Rückkopplung im Stabilisations-Stadium, der neuen Situation angepaßt. Im Reaktionsprozeß, d.h. zunächst durch Wahrnehmung der Probleme und Planung ("Rezeption"), dann bei der Durchführung ("Reproduktion"), erfolgt die eigentliche Selbstorganisation. Dabei werden die vielen Fließprozesse und zugehörigen Tope in geeigneter Weise räumlich in der Weise miteinander verflochten, daß das zeitliche Nacheinander der Prozeßsequenz optimiert werden kann. Hierzu schafft sich das Organisat, wie schon erwähnt, eine zweckmäßige Binnenstruktur, die es erlaubt, die Aufgaben sinnvoll und ohne große Zeitverluste durchzuführen:
1. Es wird festgestellt, inwieweit die Arbeitsbedingungen im System während des Induktionsprozesses verändert wurden (1. Bindungsebene): Perzeption;

2. Es wird entschieden, (ob oder) inwieweit das System verändert werden muß (2. Bindungsebene): Determination;
3. Die Planung wird durchgeführt, es wird festgelegt, wie und mit welchen Arbeitskräften die Arbeiten wann durchgeführt werden sollen (3. Bindungsebene): Regulation;
4. Es werden die zu ändernden Tope (einschließlich der Geräte, die Arbeitstiere etc.) festgelegt (4. Bindungseben): Organisation (1. Teil).
Dies ist die Aufarbeitung der Nachfrage nach Änderung des Organisats (Informationsfluß), die "Rezeption". Es folgt die "Reproduktion", d.h. die entsprechende physikalische Arbeitsleistung selbst (Energiefluß):
5. Die Arbeitskräfte richten sich in den Topen ein, so daß ihre Arbeit möglichst effektiv gestaltet werden kann (4. Bindungsebene): Organisation (2. Teil);
6. Die Arbeitskräfte nehmen Energie auf, um die Arbeiten durchführen zu können (3. Bindungsebene): Dynamisierung;
7. Die Tope erhalten ihrer neue Gestalt (2. Bindungsebene): Kinetisierung;
8. Die Tope werden ihrer Bestimmung übergeben und erweisen sich den neuen Erfordernissen gegenüber als funktionsfähig (oder nicht) (1. Bindungsebene): Stabilisierung.

Es ist sicher einleuchtend, daß die Reihenfolge der Stadien in der Prozeßsequenz zwingend ist. Es manifestiert sich hierin die Unumkehrbarkeit der Aktivitäten im Organisat. Auf diese Weise wird die Zeit kontrolliert, eine systemeigene Zeit geschaffen. Dabei gibt hier der Jahresablauf naturgemäß den Rhythmus an, definiert das Zeitbudget des Bauernhofes.[75] Der Zwang, die Verknüpfungen der Informations- und Energieflüsse zeitlich zu optimieren, zieht die Organisate auch räumlich zusammen, bedingen eine starke Kohärenz. Es resultiert daraus die Kompaktheit dieser Systeme.

Die Menschen sind als Mitglieder einer Population - hier des Organisats Bauernhof - in den Mittelpunkt der Betrachtung gerückt. Die Population als Träger ist das agierende Gebilde, die Hofstätte und die Flur dienen als Dauerhafte Anlagen. Waren diese bei der kausalen Betrachtungsweise als Teil der Siedlung (vgl. Kap. 2.1.1) noch der eigentliche Untersuchungsgegenstand, so erscheinen sie hier lediglich als das die Prozesse stabilisierende Gehäuse. Der Betrieb erhält durch sie Konstanz. In der Gemeinde Wörpedorf wird registriert, daß diese Anlage einem bestimmten Eigner, in unserem Falle dem Bauern, gehört. Auf diese Weise läßt sich der materielle Besitz von Generation zu Generation vererben. Die Mitglieder der aktuellen Population dieses Bauernhofes bilden nur einen Übergang, sie sind gekommen und werden gehen. Die Population als solche aber bleibt bestehen und garantiert, daß der Bauernhof immer weiter bewirtschaftet werden kann, wenn nicht besondere Umstände - z.B. Verkauf des Landes, das dann anderen Zwecken zugeführt werden kann - eine Auflösung des Organisats verursacht.

2.4.2. Der Komplexionsprozeß

Das Zeitbudget ist begrenzt, in der zur Verfügung stehenden Zeit muß ein Minimum produziert, d.h. Energie umgewandelt werden. Arbeitsteilung ist erforderlich. Viele zu verschiedenen Fließprozessen gehörende Arbeiten können in einem Zuge gemacht (z.B. das Pflügen mehrerer Felder), andere von verschiedenen Personen gleichzeitig durchgeführte Arbeiten aufeinander abgestimmt werden, so daß Zeit gespart wird. Es entsteht ein neuer durchgehender Prozeß, in dem alle nötigen Verrichtungen geordnet sind. Träger eines solchen Arbeitsteiligen Prozesses ist, wie gesagt, eine Population wie z.B. die Familie in unserem Bauernhof. Die arbeitsteilige Struktur ist mit der raum-zeitlichen Organisation der Handgriffe, Handlungsprojekte und Fließprozesse eng verbunden. Die verschiedenen Informations- und Energieflüsse sind kooperativ miteinander verwoben. War das Fließgleichgewichtssystem auf die Energieressource, also vertikal, ausgerichtet, so jetzt die Population auf zeitliches Nacheinander, also horizontal. Der Komplexionsprozeß schildert den Übergang zur Population.

$$\sum_{i=1}^{i=n} \begin{matrix} 2\,3\,4\,1 \\ 1\,4\,3\,2 \\ 4\,1\,2\,3 \\ 3\,2\,1\,4 \end{matrix}$$

Abb. 15: Schema des Arbeitsteiligen Prozesses im Bündelungsstadium. Zum Verständnis vgl. Abb. 13. Der Arbeitsteilige Prozeß beinhaltet n (durch Faltung verstetigte) Fließprozesse. Es erscheinen die Einzelstadien eines Fließprozesses, die Ziffern symbolisieren den Prozeßverlauf. Vgl. Text.

Bündelung (vgl. Abb. 15):

Man kann sich leicht den Bauernhof als eine Ansammlung von den verschiedensten Fließprozessen vorstellen. Denn sie präsentieren sich in einem bunten Mosaik von Topen, den für die Durchführung der Fließprozesse nötigen Dauerhaften Anlagen (vgl. Kap. 2.3.1). Das Wohnhaus mit seinen, verschiedenen Zwecken dienenden, Räumen, die Ställe, der Garten mit seinen Beeten, die Flur mit ihren Feldern, Wegetrassen, Torfstichen, Weideflächen etc. füllen die Parzelle aus. Sie alle werden genutzt, machen zusammen die Hofwirtschaft aus. Der Bauer und seine Arbeitskräfte sind jeweils zu bestimmten Zeiten in den einzelnen Topen engagiert, so daß (idealiter) die gesamte Fläche der Parzelle über das Jahr hin einbezogen ist.

Diese vielen Fließprozesse auf dem Gelände des Bauernhofes sind zu einem einheitlichen arbeitsteiligen Produktionsprozeß zusammengefügt. Jeder der Fließprozesse ist, wie wir gesehen haben (vgl. Kap. 2.3.2), in sich in 4 Bindungsebenen geordnet, im Informationsfluß und im Energiefluß. Es werden von jedem Fließprozeß spezifische Rohstoffe oder Arbeitsleistungen aus der Untergeordneten Umwelt erschlossen. In dem Bündelungsstadium werden die in diesem Sinne zusammengehörigen Fließprozesse gebündelt.

Ausrichtung (vgl. Abb. 16):

Die Arbeiten in den Topen verlaufen im wesentlichen nach dem gleichen Schema, sie sind darauf ausgerichtet, die Energieressourcen zu gewinnen, und das innerhalb desselben Systems, des Bauernhofes. Die im Bündelungsstadium summierten Fließprozesse werden hier in einen neuen übergeordneten Fließprozeß gebracht. So wird

```
      1 4 3 2 | 2 3 4 1
      2 3 4 1 | 1 4 3 2
↑     3 2 1 4 | 4 1 2 3
    | 4 1 2 3 | 3 2 1 4 |
    |---------|---------|
    | 4 1 2 3 | 3 2 1 4 |
    | 3 2 1 4 | 4 1 2 3 ↓
      2 3 4 1 | 1 4 3 2
      1 4 3 2 | 2 3 4 1
```

Abb. 16: Schema des Arbeitsteiligen Prozesses im Ausrichtungsstadium. Zum Verständnis vgl. Abb. 15. Die gebündelten Fließprozesse werden für den neuen Prozeß sachlich in 4 Gruppen sortiert. Ein neues Koordinatensystem (1. Ordnung) wird eingerichtet. In jedem Quadranten erscheinen nun für die gebündelten Fließprozesse als Prozesse 2. Ordnung eigene Koordinatensysteme. Die Pfeile deuten die Richtung des Prozesses 1. Ordnung an (Verlauf im Uhrzeigersinn). Es wurden nur die Achsen des Koordinatensystems 1. Ordnung eingetragen. Vgl. Text.

ein neues Koordinatensystem erstellt, in dem die Vielzahl der gebündelten Fließprozesse eingefügt wird. Entsprechend der Position in diesem Koordinatensystem erscheinen die jeweiligen Teilprozesse zueinander spiegelbildlich.

Die einzelnen Fließprozesse vollziehen sich über das Jahr hin alle nach demselben Muster, denn sie haben die 4 Bindungsebenen zu passieren. Der Informationsfluß führt die 4 Bindungsebenen des Bauernhofes abwärts, der Energiefluß in umgekehrter Reihenfolge aufwärts. Auf diese Weise sind die Fließprozesse in das Gesamtsystem des Bauernhofes eingeordnet. Sie erscheinen in 8 Stufen gegliedert.

Verflechtung (vgl. Abb. 17):

Damit nicht nur die Tope ordnungsgemäß bewirtschaftet werden, sondern auch die Arbeitskräfte im Zuge der Arbeitsteilung zeitlich und energetisch optimal ausgelastet sind, werden die vertikal geordneten Teilprozesse in ein horizontales Nacheinander gebracht. Praktisch bedeutet dies, daß alle Felder nacheinander gepflügt, geeggt, eingesät etc. werden. So entsteht eine neue Prozeßsequenz. Dies geschieht wiederum durch Umkehrung, wie bereits bei Behandlung des Verflechtungs-Stadiums des zum Fließprozeß führenden Komplexionsprozesses geschildert wurde (wenn dort auch die Umkehrung von horizontal zu vertikal vollzogen werde mußte; vgl. Kap. 2.3.2).[76]

```
1 2 3 4 | 4 3 2 1
4 3 2 1 | 1 2 3 4
3 4 1 2 | 2 1 4 3
2 1 4 3 | 3 4 1 2
————————+————————
2 1 4 3 | 3 4 1 2
3 4 1 2 | 2 1 4 3
4 3 2 1 | 1 2 3 4
1 2 3 4 | 4 3 2 1
```

Abb. 17: Schema des Arbeitsteiligen Prozesses im Verflechtungsstadium. Zum Verständnis vgl. Abb. 16. Die vertikal ausgerichtete Abfolge wird horizontal orientiert. Es wir die das ganze Zifferntableau im Koordinatensystem umfassende Umkehroperation dargestellt. Vgl. Text.

Die Operationen der Umkehrung gestalten sich hier (im Gegensatz zu denen beim Fließgleichgewichtssystem, vgl. Kap. 2.3.2) einfach, da das Zifferntableau quadratisch ist sowie horizontal und in beiden Richtungen jeweils vollständige Prozeßdurchläufe enthält.

Im Oganisat wie in jeder Population sind die Nachfrage und das Angebot zeitlich deutlich getrennt, beide müssen dem ganzen System mit all seinen Elementen Schritt für Schritt zugeführt werden. Der Prozeß erfolgt nun in qualitativ durch die Aufgabenstellung verschieden definierten Stadien, die nur nacheinander existieren können. Er wird dadurch irreversibel.

Faltung (vgl. Abb. 18):

Im Faltungsprozeß werden die Koordinatensysteme aufgelöst. Es erscheinen 8 Stadien im Induktionsprozeß horizontal von rechts nach links, und 8 Stadien im Reaktionsprozeß von links nach rechts (durch Überlappung sind es nur jeweils 7, insgesamt 13 Stadien; vgl. Kap. 2.4.1). In jedem Stadium dieses Prozesses 1. Ordnung müssen die 4 Bindungsebenen vertikal durch Prozesse 2. Ordnung geöffnet werden. Der Reaktionsprozeß muß zunächst links neben den Induktionsprozeß gebracht werden, so daß beide aneinanderschließen. Dann kann er an einer vertikalen Achse hinter den Induktionsprozeß gefaltet werden, so daß ein Kreisprozeß geformt wird. Auf diese Weise entsteht geometrisch eine torusförmige Struktur. Sie symbolisiert einen horizontalen Prozeß 1. Ordnung mit 16 Teilprozessen, welchem die Prozesse 2. Ordnung zuarbeiten.

So wird der Prozeßverlauf vereinheitlicht, der Reaktionsprozeß folgt dem Induktionsprozeß. Er läuft dem Induktionsprozeß entgegen. Das Organisat kontrolliert sich selbst. Zeitlich gesehen bedeutet dies, daß die einzelnen Stadien des Reaktionsprozesses, die das Organisat selbst ändern, sich in umgekehrter Reihenfolge an

    ◄——

Sta	Kin	Dyn	Org	Org	Reg	Det	Per	
1	2	3	4	4	3	2	1	
4	3	2	1	1	2	3	4	Induktions-
3	4	1	2	2	1	4	3	prozess
2	1	4	3	3	4	1	2	
2	1	4	3	3	4	1	2	
3	4	1	2	2	1	4	3	Reaktions-
4	3	2	1	1	2	3	4	prozess
1	2	3	4	4	3	2	1	
Sta	Kin	Dyn	Org	Org	Reg	Det	Per	

    ◄——

Abb.18: *Schema des Arbeitsteiligen Prozesses im Faltungsstadium. Zum Verständnis vgl. auch Abb. 17. Das Koordinatensystem wird aufgelöst, es entsteht das Schema eines Arbeitsteiligen Prozesses. Nun erfolgt die Faltung. Dabei wird der Reaktionsprozeß links neben den Induktionsprozeß gesetzt und dann an einem (gedachten) vertikalen Scharnier hinter den Induktionsprozeß geklappt. So wird die Prozeßstruktur verdeutlicht. Die Pfeile geben die Richtung des Prozesses 1. Ordnung an (in Induktionsprozeß nach links, im Reaktionsprozeß nach rechts. Vgl. Text.*
Abkürzungen:
Per = Perzeption, Det = Determination, Reg = Regulation, Org = Organisation, Dyn = Dynamisierung, Kin = Kinetisierung, Sta = Stabilisierung.

den marktorientierten Induktionsprozeß anschließen. In jedem Stadium des Reaktionsprozesses kann durch Rückkopplung mit den entsprechenden Stadien im Induktionsprozeß neue Information eingeholt werden. So wird die Hofstruktur im Reaktionsprozeß den jeweiligen Bedürfnissen des marktorientierten Induktionsprozesses angepaßt. Die Bindungsebenen werden im Verlaufe dieser Sequenz (Induktion und Reaktion) durch die Prozesse 2. Ordnung zweimal durchlaufen, für den Induktions- und für den Reaktionsprozeß werden die jeweiligen Informationsflüsse von oben nach unten, von der Übergeordneter Umwelt zur Untergeordneten Umwelt gelenkt. Von dort kommt die Energie, die den Energiefluß von der Untergeordneten zur Übergeordneten Umwelt erlauben. Die einzelnen Stadien (vgl. Abb. 19):
- Perzeption: Aufnahme der Anregung (Nachfrage) zur Umwandlung von Energie aus der Übergeordneten Umwelt in den Systembereich;
- Determination: Entscheidung des Systems, ob die Anregung aufgenommen wird;
- Regulation: Einbeziehung der Elemente, die die eigentliche Arbeit übernehmen müssen;
- Organisation (als Teil der Adoption): Elemente ordnen sich im Informationsfluß möglichst effektiv an, in der Untergeordneten Umwelt wird die nötige Energie aufbereitet;
- Organisation (als Teil der Produktion): Die Elemente ordnen sich im Energiefluß möglichst effektiv an, in der Untergeordneten Umwelt wird die nötige Energie aufbereitet;

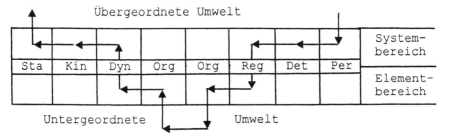

Abb. 19: Der Verlauf der Prozeßsequenz (Induktionsprozeß) im System- und Elementbereich eines Nichtgleichgewichtssystems. Vertikale Pfeile: Fließprozesse (Information bzw. Energie), horizontale Pfeile: Umwandlungs- und Verknüpfungsprozesse.
Abkürzungen:
Per = Perzeption, Det = Determination, Reg = Regulation, Org = Organisation, Dyn = Dynamisierung, Kin = Kinetisierung, Sta = Stabilisierung.

- Dynamisierung: Elemente erhalten die nachgefragte Energie aus der Untergeordneten Umwelt (Fließprozesse);
- Kinetisierung: Umwandlung der Energie im Systembereich;
- Stabilisierung: Angebot an die Übergeordnete Umwelt.

Nun ist also ein neuer Systemtyp entstanden, das "Nichtgleichgewichtssystem". Es ist nicht nur in der Lage, sich durch Umwandlung der Energie in den Energiefluß einzupassen, sondern vermag zusätzlich, den Zufluß an Energie möglichst gering, die interne Ausbeute an Energie möglichst effektiv halten, durch Selbstorganisation. Dabei werden die Teilsysteme und -prozesse so angeordnet, daß sie sich optimieren lassen.

2.4.3. Folgerungen und weitere Beispiele

2.4.3.1. Einige allgemeine Überlegungen

Der Schritt vom Fließgleichgewichtssystem zum Nichtgleichgewichtssystem ist in verschiedener Hinsicht nicht leicht zu verstehen, so daß einige allgemeine Bemerkungen erlaubt seien:

Das hier vorgestellte Modell beruht auf einer Analyse sozialer Prozesse. Es beschreibt die Erscheinungen in einer Ebene, die sowohl den natürlichen als auch den sozialen Prozessen unterliegt. Gerade den Sozialwissenschaften, die hier zwischen normativ-naturwissenschaftlichen und idiographisch-geisteswissenschaftlichen Ambitionen eine Mittlerposition einnehmen, kommt eine besondere Verantwortung zu. Denn es ist ein heikles Terrain, es gilt, an dieser Nahtstelle zwischen Natur und Kultur besonders vorsichtig zu agieren, wenn man an die früher allzu arglose oder auch bösartig bewußte Übertragung physischer Gesetze auf das menschliche Verhalten denkt. Sozialphysik, Determinismus, Biologismus sind Begriffe, die manchem schnell über die Lippen kommen. Andererseits, Tabus führen nicht weiter, sie bremsen die unbefangene Suche nach neuer Erkenntnis. Ignoriert man, daß die Menschen in ihren Handlungen, daß die sozialen Populationen in ihren Prozessen und Strukturen auch physischen Gesetzen unterworfen sind, bleibt vieles vage. Ohne sie zu beachten, ist es gewagt, sozialwissenschaftlich zu arbeiten.

Es mag schon vielleicht nicht einfach sein, Nichtgleichgewichtssysteme als Gebilde zu verstehen, die durch die Einbeziehung der Zeit konstituiert werden. Die Fließprozesse werden in den Nichtgleichgewichtssystemen zeitlich geordnet, der in eine Sequenz gegliederte Prozeß dokumentiert die Differenzierung des Zeitablaufs. Besonders wird das Verständnis der Wirkungsweise eines Nichtgleichgewichtssystems sicher durch den Umstand erschwert, daß in ihm nicht nur das zeitliche Nacheinander, sondern bei der Sequentierung des Prozesses auch das Qualitative geordnet wird. Differenzierung des Zeitablaufs schließt die qualitative Differenzierung ein. In dem Denkmodell des Fließgleichgewichtssystems war dies noch kein Thema, denn die verschiedenen qualitativen Eigenschaften der Energieflüsse berührten sich nicht, bleibt doch z.B. eine Innovation bei ihrer Diffusion sachlich gleich. Hier, beim Nichtgleichgewichtssystem, in dem verschiedene Fließprozesse im Sinne der Arbeitsteilung zusammengebracht werden und in eine neue einheitliche Prozeßsequenz überführt werden müssen, ist das anders. Das Qualitative erhält eine Bedeutung für das Ganze. Dies beinhaltet eine Rückführung auf eine allgemeinere Ebene, so daß ein Einbau in die Prozeßsequenz erfolgen kann. Der Untersuchende hat diese Reduktion nachzuvollziehen, am besten mittels eines schrittweisen Vorgehens:
1. Das individuelle Konkretum wird typisiert;
2. die Funktion des typisierten Objekts für ein übergeordnetes Ganzes ist festzustellen;
3. das in seiner Funktion determinierte Objekt wird den Aufgaben (Perzeption ... Stabilisierung) zugeordnet;
4. eventuelles Einfügen in ein mathematisches Modell.
Grundsätzlich erfordert jeder dieser Schritte ein umsichtiges Vorgehen, die Einpassung in den Kontext. Einzelbeweise in dem Sinne, daß der $(n+1)$-te Schritt eine logische Konsequenz des n-ten Schrittes ist, sind nicht möglich; vielmehr muß nach dem hermeneutischen Verfahren das Umfeld möglichst widerspruchsfrei einbezogen werden. Sodann sollte, wenn genügend Daten zur Verfügung stehen, der Prozeß simuliert werden. Das bedeutet, daß die gesamte Prozeßstruktur Schritt für Schritt durchlaufen und alle Formeln, die diese Prozeßschritte beschreiben, durchgerechnet werden.[77]

Für einen Anthropogeographen, der die gegenwärtigen Zeugnisse menschlicher Tätigkeit wie Häuser, Fabriken, Straßen, in ihrer Erscheinungsform und ihrer Anordnung untersucht, um Regelhaftigkeiten im Gesellschafts- (auch Wirtschafts-) Aufbau zu erfassen, sind die zwei ersten Schritte geläufig. Aber auch für einen Forscher, der sich mit historischen Zeugnissen in der Landschaft oder in Archiven beschäftigt, um Prozesse in der Vergangenheit zu rekonstruieren und ihre Bedeutung in räumlichem und zeitlichem Umfeld zu erfassen, ist dieses Vorgehen durchaus üblich. Handlungen und Prozesse haben Motive, und diese Motive sind vielfach in Rollen verankert. Die neue Hürde ist der Sprung von der Funktion (der Rolle) zur Aufgabe. Erst dies öffnet aber den Weg zum Verständnis der Bedeutung für das ganze System, den Einstieg in das formale Verständnis des Prozesses.

Das Programm des Arbeitsteiligen Prozesses im Nichtgleichgewichtssystem gibt die Reihenfolge vor, in der die Aufgaben (Perzeption ... Stabilisierung) gelöst werden müssen, d.h. die Aufgabenstadien der Prozeßsequenz. Es legt aber nicht fest, wie diese Stadien und Aufgaben inhaltlich gefüllt werden, wie die konkreten Produkte beschaffen sein sollen. So sind die die Nichtgleichgewichtssysteme konstituierenden Prozesse zwar zielgerichtet, aber nicht in dem Sinne, daß das Ziel konkret bekannt wäre und angestrebt würde (Teleologie); wir wissen nicht, welche Innovation sich in Zukunft während eines der Prozeßstadien wird durchsetzen können. Wohl aber steckt in jedem Nichtgleichgewichtssystem auf struktureller Ebene das Programm der Prozeßsequenz, die durchlaufen werden muß. Wir nehmen daher den Begriff Teleonomie, wie er in der Biologie Verwendung findet, in Anspruch. Ein teleonomischer Prozeß verdankt demnach sein Zielgerichtetsein dem Wirken eines Programms, aber mit dem Zusatz, daß dieses Programm auch die spezifische Abfolge der Prozeßsequenz steuert.[78]

Für die nun vorzutragenden Beispiele dienen folgende vereinfachende Kriterien einer Identifikation von Nichtgleichgewichtssystemen:
- Sie wandeln Energie um, d.h. das Input aus der Untergeordneten Umwelt ist qualitativ ein anderes als das Output in die Übergeordnete Umwelt;
- sie produzieren in einem Schwingungsrhythmus, im Zuge einer Prozeßsequenz;
- sie sind vielgestaltig, die Prozesse sind arbeitsteilig aufeinander abgestimmt;
- sie sind meistens zentral-peripher aufgegliedert und begrenzt; sie organisieren sich selbst.

Wir richten unser Augenmerk besonders auf die Prozeßsequenzen, sie sind unverwechselbar nur den Nichtgleichgewichtssystemen (und den Systemen in den noch höheren Komplexitätsstufen) eigen. In unserer Größenordnung des Mesokosmos lassen sich 3 große Gruppen unterscheiden:
1. Die sozialen Nichtgleichgewichtssysteme oder Populationen, der näher geschilderte Bauernhof ist ein Beispiel;
2. die biotischen Nichtgleichgewichtssysteme, so die biotischen Populationen, vor allem natürlich die Lebewesen als Nichtgleichgewichtssysteme;
3. die anorganischen Nichtgleichgewichtssysteme; hier gibt es anscheinend in dieser Größenordnung keine selbständigen und überdauernden Systeme dieser Art; die vom Menschen geschaffenen technischen Nichtgleichgewichtssysteme sind unselbständig und unvollständig im obigen Sinne.

2.4.3.2. Soziale Nichtgleichgewichtssysteme

Als erste Gruppe stellen sich die sozialen Nichtgleichgewichtssysteme dar. Um diese von den vielen anderen Arten von sozialen Systemen zu unterscheiden, sprechen wir hier von sozialen Populationen. Ihre Elemente sind die Individuen in ihren spezifischen Rollen. Die Populationen sind in der Hierarchie der Menschheit als Gesellschaft verankert (vgl. Kap. 2.5.3.1). Wenige Beispiele sollen die wichtigsten Kennzeichnen dieses Systemtyps verdeutlichen.

Gemeinde:

Der Bauernhof ist Teil der Gemeinde Wörpedorf, die um 1750 angelegt wurde.[79] Auch sie ist ein Nichtgleichgewichtssystem, dessen Aufgabe es ist, allgemein die Umwelt-Nutzungsaktivitäten zu steuern, insbesondere dadurch, daß sie die für die Organisate nötige Infrastruktur schafft (vgl. Kap. 2.5.3.1). Dazu gehört die Festlegung der Standorte der Grundstücke, der Art der Bebauung, die Errichtung und Unterhaltung der für die Gemeinde-Population wichtigen zentralen Einrichtungen, z.B. der Verwaltungsgebäude, der Sportanlagen, der Kirche. Die von der Gemeinde initiierten Prozesse dauern im allgemeinen mehrere Jahre. Als Beispiel diene der Bau der auch für Wörpedorf zuständigen Grasberger Kirche, nahe der Gemeindegrenze:[80]
- Vor 1780: Wegen der großen Entfernung der Siedlungen (u.a. auch Wörpedorfs) zur Kirche in Worpswede wurde angeregt, eine neue Kirche zu bauen (Aufnahme der Anregung zum Prozeß): Perzeption;
- 1780: Amt und Moorkommissariat erkannten die Notwendigkeit an (Entscheidung für den Einstieg in den Prozeß): Determination;
- Dez. 1780 - Herbst 1781: Die Verwaltung in Hannover und das Amt Ottersberg gaben den Auftrag zur Planung (Festlegung der Schritte des Vorgehens): Regulation;
- März 1782: Die fertigen Pläne mit Angaben über das nötige Material, die Ausstattung und die Handwerkerarbeiten wurden nach Hannover zur Genehmigung gesandt (Festlegung des Prozeßablaufs im Raum): Organisation;
- Febr. - April 1783 : Von Hannover und der Majestät in London wurden der Antrag und die Finanzierung genehmigt (das Geld - als Energiequelle - für den Prozeß stand zur Verfügung): Dynamisierung;
- Frühjahr 1784 - Dez. 1785: Die Arbeiten an der Kirche und den zugehörigen Gebäuden wurde durchgeführt (Durchführung des Prozesses): Kinetisierung;
- 1786-1788: Der Küster wurde eingestellt, die Orgel gebaut, die Glocken aufgehängt (der Prozeß fand seinen Abschluß): Stabilisierung.

Im Folgenden wurde das durch den Prozeß Erreichte konsolidiert (Reaktionsprozeß). Die Bevölkerung orientierte sich zur Kirche in Grasberg, akzeptierte sie. Es entstand eine neue kirchliche Gemeinschaft. Auf der anderen Seite der Wörpeniederung bildete sich ein Mittelpunkt um die Kreuzung der Wörpedorfer Dorfstraße mit dem Worpsweder Kirchweg und der Brücke über die Wörpe heraus, die direkt nach Grasberg und seine Kirche führt. Später wurde hier ein Bahnhof errichtet. Seit den 70er Jahren, mit der Einrichtung der Gemeinde Grasberg, wurde dieser Trend mit der Anlage weiterer zentraler Einrichtungen noch verstärkt.[81]

Industriebetrieb:

Nehmen wir als weiteres Beispiel ein nichtlandwirtschaftliches Organisat, einen mittleren Industriebetrieb, der elektrische Schalter herstellt:
Der Markt bildet die Übergeordnete Umwelt. Die Nachfrage wird aufgenommen, die Anregung als Informationsfluß im Adoptionsprozeß strukturell durch das System von oben nach unten geführt. Das Rohmaterial und die Hilfsmittel kommen aus der Untergeordneten Umwelt, in unserem Fall von Zulieferbetrieben. Sie gelangen als Energiefluß im Produktionsprozeß von unten nach oben zur Übergeordneten Umwelt. Dabei kreuzen die Flüsse die 4 Bindungsebenen, die wie bei den Fließgleichgewichtssystemen (vgl. Kap. 2.3.2) das System vertikal gliedern:
1. Bindungsebene: Der Betrieb als Ganzes wird an den Markt als die Übergeordnete Umwelt gebunden (Anregung von dort im Informationsfluß bzw. Angebot der Produkte im Energiefluß);
2. Bindungsebene: Der Betrieb entscheidet sich zur Produktion (im Informationsfluß) und führt sie entsprechend seinen eigenen Möglichkeiten durch (im Energiefluß);
3. Bindungsebene: Die Arbeitskräfte als die Elemente werden eingeteilt (im Informationsfluß) bzw. in den Prozeß einbezogen (im Energiefluß);
4. Bindungsebene: Die Anordnung der Arbeitsvorhaben im Raum intern sowie im Kontakt mit den die Rohmaterialien und Hilfsmittel liefernden Betrieben als der Untergeordneten Umwelt (im Informations- und Energiefluß).
In der 1. und 2. Bindungsebene erscheint die Prozeßsequenz, in der 3. und 4. Bindungsebene werden die Flüsse arbeitsteilig verflochten. Zunächst zum Induktionsprozeß, der zum Marktgeschehen hin orientiert ist. Es wird die Information aus dem Markt als Anregung aufgenommen und im Betrieb verarbeitet. Dies ist die Adoption. Dabei lassen sich verschiedene Aufgabenstadien unterscheiden:
1. Perzeption: Die Nachfrage wird als Information aus der Übergeordneten Umwelt, also dem Markt, aufgenommen. Träger: Die Marketing-Abteilung;
2. Determination: Es wird geprüft und entschieden, ob und in welchem Umfange - entsprechend der Kapazität des Betriebes - die Anregung, Schalter zu produzieren, aufgenommen werden soll. Träger: Das Direktorium, der Vorstand;
3. Regulation: Entsprechend der getroffenen Entscheidung wird festgelegt, wer welche Arbeiten in der Produktion durchführen soll, evt. Gliederung in Arbeitsgruppen. Die Untergeordnete Umwelt wird einbezogen, Bestellung der Materialien und Energie. Träger: Das mittlere Management und Vertreter der Arbeitnehmer, die Einkaufsabteilung.
4. Organisation (als Teil der Adoption): Anordnung der Elemente mit ihren Arbeitsabläufen intern im Hinblick auf den Informationsfluß. (Die Untergeordnete

Umwelt, also die Zulieferbetriebe, bereitet in dieser Zeit die Lieferung von Energie und Rohstoffen vor.) Träger im Industriebetrieb: Die Planungsabteilung.

Nun werden die Arbeiten entsprechend den adoptierten Informationen durchgeführt. Dies ist die Produktion. Auch hier lassen sich verschiedene Aufgabenstadien unterscheiden:

5. Organisation (als Teil der Produktion): Anordnung der Elemente mit ihren Arbeitsabläufen im Hinblick auf den Energiefluß, also auf die zu erwartenden Material- und Energielieferungen aus der Untergeordneten Umwelt (den Zulieferbetrieben). Träger im Industriebetrieb: Die Planungsabteilung.

6. Dynamisierung: Aus der Untergeordneten Umwelt (den Zulieferbetrieben) werden die Materialien und Energie an die Arbeitskräfte (bzw. evt. die Arbeitsgruppen) geliefert. Träger: Die Lagerverwaltung sowie die Arbeitskräfte bzw. evt. die Arbeitsgruppen;

7. Kinetisierung: Im Maschinensaal, evt. mit dem Montageband, werden von den Arbeitskräften die Schalterteile gefertigt und montiert. Träger: Die Fertigungsabteilung;

8. Stabilisierung: Die Schalter werden dem nachfragenden Markt zum Kauf angeboten. Dabei entscheidet sich, ob die Produkte sich behaupten können. Träger: Die Verkaufs-(Marketing-)Abteilung.

Im Organisationsstadium wird das System mit der Untergeordneten Umwelt verbunden, d.h. auch, daß die räumlichen Bezüge (z.B. zu den Zulieferbetrieben) hier entschieden und gestaltet werden. Dagegen erfolgt die eigentliche Gestaltung des Systems selbst im Reaktionsprozeß (mit den Stadien Rezeption und Reproduktion). In ihm wird die Anpassung des Betriebes an die Erfordernisse des Marktes geregelt, durch Investitionen. Er läuft in entsprechender Weise ab wie der Induktionsprozeß, wenn z.T. auch andere Träger (z.B. Personalabteilung) in den Vordergrund treten. Doch soll dies hier nicht näher aufgegliedert werden.

Stadt-Umland-Population:

In der Stadt-Umland-Population findet die Prozeßsequenz ihren räumlichen Niederschlag. Es muß hier vorausgeschickt werden, daß der Populationstyp der Stadt-Umland-Population in der Hierarchie der Menschheit als Gesellschaft die Aufgabe der (räumlichen) Organisation wahrnimmt und der Verkehr die Basisinstitution ist, im Rahmen derer diese Aufgabe konkretisiert wird (vgl. Kap. 2.5.3.1). Das bedeutet im Idealfall, daß Stadt und Umland aufeinander sozioökonomisch angewiesen sind. Die Landwirtschaft liefert die Nahrungsmittel in die Stadt, in der Stadt stellen die Handwerker die gewerblichen Produkte her. Zwischen beiden vermitteln die Händler, über die auch der Fernhandel abgewickelt wird. Dieses Idealbild bestand an vielen Orten im Mittelalter. Seitdem hat sich das Bild natürlich erheblich gewandelt, aber die Grundstruktur dieser zentral-peripheren Organisation besteht noch heute, ja sie hat sich im Gefolge der weiteren Differenzierung der Gesellschaft noch deutlicher herausgebildet.

Die Stadt-Umland-Population ist also eine vom Verkehr her geprägte Population, die Optimierung des Verkehrs ist ihre Bestimmung, und dies schlägt sich auch in der Zuordnung der konkreten Nutzungsaktivitäten zu den Aufgaben der Prozeßsequenz nieder. Da ich bereits früher an anderer Stelle diesen Populationstyp ausführlicher dargestellt habe,[82] sollen hier nur die wichtigsten Fakten vorgestellt werden:
1. Das Zentrum der Stadt ist der für alle Bewohner der Stadt und des Umlandes der am besten erreichbare Punkt, d.h. auch, daß hier Produzenten und Konsumenten miteinander am leichtesten in Kontakt kommen können. Der Einzelhandel vermittelt zwischen beiden Gruppen, hier wird die Stadt-Umland-Population zur Produktion angeregt: Perzeption;
2. An dieses Zentrum lehnen sich solche Organisate an, die für die Entscheidungen in der Wirtschaft von hoher Bedeutung sind, die Repräsentanten von Konzernen, Banken etc.: Determination;
3. Die öffentliche Verwaltung wacht über die Ordnung und die Gesetzlichkeit des Tuns, und vermittelt so zwischen dem Systemganzen und den Bewohnern: Regulation.

Diese 3 Aufgaben dienen der Informationsverarbeitung, die sie realisierenden Organisate bilden die City (Central Business District).
4. Die eigentlichen Elemente des Stadt-Umland-Systems sind die Bewohner, sowohl als Produzierende als auch als Konsumierende. Sie konzentrieren sich in den dicht bebauten Vierteln rings um die City: Organisation;
5. Außen anschließend häufen sich als Stätten hoher Produktivität und hohen Energieeinsatzes die Industriebetriebe, die intensiv wirtschaftenden bäuerlichen Betriebe und Gärtnereien: Dynamisierung;
6. Die großen Verkehrseinrichtungen schließen sich nach außen an. Die Eisenbahnverschiebebahnhöfe, Flugplätze, Autobahnkreuze, Binnenhäfen bestimmen das Bild, aber auch Gemeinden, in denen die Pendler wohnen, also auf enge Verkehrsverbindungen zur Stadt angewiesene Bevölkerungsgruppen: Kinetisierung;
7. Der weite Außenbereich wird von der Landwirtschaft und zentralen Orten niederen Ranges eingenommen. Hier, auch im Übergangsbereich zu den Einflußgebieten der benachbarten Stadt-Umland-Populationen stabilisiert sich das System: Stabilisierung.

Noch bis in die 70er Jahre hinein wurden die öffentlichen Verkehrsmittel von Bewohnern bevorzugt. Heute hat sich das Bild teilweise geändert, das private Kraftfahrzeug gewann in der Gunst der Verkehrsteilnehmer die Oberhand. In Nähe der Wohngebiete und in den Außenbezirken sind Einkaufszentren mit großen Parkplätzen entstanden. Auch haben sich die ökonomischen Bezüge der Industrie und Landwirtschaft zur Stadt gelockert, denn die Transportkosten schlagen heute nicht mehr im selben Umfang wie früher im Endverkaufspreis der Waren durch; viele Waren, die der Konsument benötigt, werden von anderen Gebieten eingeführt. Heute dominieren in einzelnen Sektoren weit ausladende Einflußbereiche in den Märkten, eine z.T. weltweite Vernetzung der Zulieferer- und Absatzverbindungen bringen die Stadt-Umland-Populationen zusammen. Dies bewirkt Umstrukturierungen im

Produktionsgefüge der Stadt-Umland-Population. Dennoch ist die zentral-periphere Organisation der Populationen selbst, d.h. des eigentlichen Systems, noch klar erkennbar.

2.4.3.3. Biotische Nichtgleichgewichtssysteme

Die biotischen Nichtgleichgewichtssysteme bilden die zweite große Gruppe dieses Systemtyps. Hier sind die (sich selbst regenerierenden) Zellen und Organe zu nennen, andererseits auch die biotischen Populationen wie die Arealsysteme, die Arten und Reiche. Inwieweit auch die von den Systematikern herausgearbeiteten taxonomischen Einheiten zwischen den Arten und Reichen hier aufgeführt werden können, läßt sich noch nicht sagen.

Eine besondere Rolle fällt natürlich den Lebewesen zu. Lebewesen als Nichtgleichgewichtssysteme wandeln Energie um, sie produzieren also. Sie organisieren sich auch selbst, d.h. sie strukturieren ihre Elemente und vernetzen ihre Prozesse in einer Weise, daß sie diese Aufgabe bei möglichst niedrigem Energieverbrauch erfüllen können. Lebewesen haben darüber hinaus aber noch andere Qualitäten. Maturana (1982) führte hier den Begriff des "autopoietischen Systems" ein und verstand darunter ein System, daß nicht nur aus einem Netzwerk von Prozessen besteht.[83] Es produziert auch die Komponenten, aus denen es besteht, selbst und hält das Netzwerk als grundlegende Variable konstant. "Unser Vorschlag ist, daß Lebewesen sich dadurch charakterisieren, daß sie sich - buchstäblich - andauernd selbst erzeugen. Darauf beziehen wir uns, wenn wir die sie definierende Organisation *autopoietische Organisation* nennen (griech. autos = selbst; poien = machen)" (kursiv von den Autoren). An anderer Stelle meinen Maturana und Varela: Es "...ist den Lebewesen eigentümlich, daß das einzige Produkt ihrer Organisation sie selbst sind, das heißt, es gibt keine Trennung zwischen Erzeuger und Erzeugnis". Das bedeutet jedoch, daß die Lebewesen selbst, in ihrer Körperlichkeit, als Träger in den allgemeinen Energiekreislauf eingebunden sind, denn Lebewesen werden geboren, wachsen auf und sterben, indem sie Substanzen aus anderen Energiequellen aufnehmen bzw. selbst Energieressource für andere Lebewesen darstellen. Das erfordert Fortpflanzung, wenn die Art überleben will. Hier zeigt sich ein wichtiger Unterschied zu sozialen und nichtorganischen Nichtgleichgewichtssystemen. Solche nichtautopoietischen Nichtgleichgewichtssysteme erneuern sich nicht materiell, sondern nur strukturell selbst. Insofern sprechen wir von Selbstorganisation, nicht von Selbsterzeugung. Das hat Konsequenzen. So hängt die Existenzdauer der nichtautopoietischen Nichtgleichgewichtssysteme nicht direkt mit der Produktion zusammen. Solche Nichtgleichgewichtssysteme können sehr lange ihre Struktur erhalten (man denke z.B. an manchen niedersächsischen Bauernhof, der seit der Germanischen Landnahme besteht), in anderen Fällen ist die Existenzdauer extrem kurz (wie bei manchen subatomaren Partikeln). Autopoietische Systeme wie die Lebewesen sind deshalb nicht mit Nichtgleichgewichtssystemen identisch, sie gehören vielmehr auch einer höheren Komplexitätsstufe an (vgl. Kap. 2.6).

Hier sollen die Lebewesen lediglich als Nichtgleichgewichtssysteme betrachtet werden, insbesondere als Träger einer Prozeßsequenz. Natürlich ist es sehr viel schwerer, in der Naturwelt die konkreten Aktionen und Systembestandteile mit den Aufgaben in der Prozeßsequenz in Verbindung zu bringen. Hier können nur Anregungen gegeben werden. Als Beispiel diene der Organismus höherer Wirbeltiere.[84] Der Prozeß beinhaltet das alltägliche Leben in der Umwelt, das in den Organen der Tiere (als Träger) und ihren Funktionen seinen Niederschlag findet. Mit aller gebotenen Vorsicht der Versuch einer ersten Zuordnung (Induktionsprozeß):
1. Perzeption: Die Tiere nehmen die Umwelt und die für ihr Leben wichtigen Chancen wahr. Träger: Die Sinnesorgane;
2. Determination: Die Entscheidungen für das Verhalten in der Umwelt werden getroffen. Träger: Das Gehirn;
3. Regulation: Die Kontrolle über das Verhalten und über die Lebensprozesse im Organismus wird ausgeübt. Träger: Das Nervensystem;
4. Organisation: Die konkreten Kontakte zur energieliefernden Untergeordneten Umwelt dienen vor allem der Nahrungssuche. Die Tiere haben die Fähigkeit, sich zu bewegen. Träger: Muskeln und Knochengerüst;
5. Dynamisierung: Die Nahrungsaufnahme, d.h. die für das Leben nötige Energie wird einverleibt. Träger: Maul, Verdauungsorgane (Magen- und Darmtrakt etc.);
6. Kinetisierung: Die chemische Umsetzung der aufgenommenen Nahrung in für das Leben akzeptable Energie. Träger: Magen, Darm, Leber, Galle, Niere etc., aber auch der Blutkreislauf mit seinen Organen, also Herz, Lunge, Adern etc.
7. Stabilisierung: Einbindung des in sich funktionierenden Organismus in den Nahrungskreislauf.

Die meisten anderen Organismen sind weniger differenziert ausgestattet, aber auch sie sind auf eine ganz spezifische Umwelt angewiesen, die ihnen das Überleben erlaubt. Die Pflanzen sind fähig, durch Anpassung die Vorteile zu ihrem Nutzen in für den Organismus verwendbare Energie umzusetzen.[85] Bei den Kormophyten haben die Teile (Wurzelwerk, Sproß und Blätter) verschiedene Funktionen. Es bedarf genauer Untersuchung, um herauszufinden, welche Organe welche Aufgaben im Sinne der Prozeßsequenz erfüllen.

2.4.3.4. Anorganische und Technische Nichtgleichgewichtssysteme

In Mikro- und Makrokosmos wissen wir u.a. von Atomen, Molekülen, Gestirnen oder Galaxien, daß sie ständig Energie umwandeln, aber wie im Einzelnen dies möglich ist, wissen wir nicht; dazu bedarf es einer genauen Analyse, die wir hier natürlich nicht leisten können. Anorganische Nichtgleichgewichtssysteme als dauerhafte, in sich arbeitsteilig gegliederte und durch Aufgabenprozesse gekennzeichnete, sich selbst erhaltende Strukturen scheint es im Mesokosmos nicht zu geben. Wohl aber sind viele flexible und sich ständig ändernde Nichtgleichgewichtssysteme in den großen Kompartimenten der Erdkruste (Gesteinshülle, Wasserhülle, Lufthülle) auszumachen. In ihnen wird Energie umgewandelt, und es entstehen u.a. durch autokatalytische Prozesse neue zeitlich begrenzt existierende Nichtgleichgewichtssysteme wie z.B. chemische Zyklen. Die genannten Kompartimente sind die Foren, in denen auf die beweglichste, flexibelste Art Energie umgewandelt wird. Alles fluktuiert, wenn nicht von außen bestimmte Reaktionsfolgen festgehalten und gesteuert werden (wie z.b. der Zitronensäurezyklus in den Zellen der Pflanzen).

In höherer Größenordnung werden Wirbel und Turbulenzen erkennbar, vor allem in der Wasserhülle, in fließenden und strömenden Gewässern auf dem Festland und in den Ozeanen. Aber auch in der Lufthülle sind solche Gebilde erkennbar, z.b. die Tornados, die tropischen Wirbelstürme oder die Tiefs der gemäßigten Breiten. Diese Nichtgleichgewichtssysteme wandern und sind nur wenige Stunden oder Tage lebensfähig, ehe sie sich wieder auflösen. In der Gesteinshülle sind manche konvektiven Magmaströme zu nennen, das feste Gestein bildet ein Produkt dieser Systeme. All diese fluktuierenden, entstehenden und wieder vergehenden Nichtgleichgewichtssysteme lassen sich als chaotische Systeme charakterisieren (vgl. Kap. 2.3.3.4).

Technische Systeme:

Einen Sonderfall bilden die Technischen Systeme, denn auch sie können Nichtgleichgewichtssysteme sein, die aber dauerhaft ihre Arbeit verrichten. Es handelt sich um Geräte oder Maschinen, die von Menschen für verschiedene Zwecke geschaffen wurden und auch von ihm weitgehend gesteuert werden. Sie funktionieren entsprechend der Prozeßsequenz. Nehmen wir als Beispiel eine Dampfmaschine:
1. Perzeption: Anregung von der Übergeordnete Umwelt (dem Menschen), die Maschine in Gang zu setzen;
2. Determination: Die Maschine ist bereit, sie kann entsprechend den Vorgaben des Menschen laufen, wenn alle Rahmenbedingungen stimmen;
3. Regulation: Die Kontrolle üben teilweise Dampfdruckventile, Geschwindigkeitsregler und ähnliche Einrichtungen aus, auch das Ölen wird z.T. automatisch durchgeführt, doch das Funktionieren als solches muß vom Menschen überwacht werden;
4. Organisation: Die Teile sind (vom Menschen) so angeordnet worden, daß die Maschine bei entsprechender Eingabe von Wasser und Energie laufen kann;
5. Dynamisierung: Die Maschine wird mit Wasser und Kohle (aus der Untergeordneten Umwelt, d.h. einem Wassertank bzw. einem Kohlebunker) beschickt und befeuert;
6. Kinetisierung: Es wird Hitze entwickelt, der Dampf des Kessels treibt den Mechanismus an (Umwandlung von Wärme- in Kinetische Energie);
7. Stabilisierung: Die Maschine läuft bei gleichmäßiger Beschickung mit Wasser und Kohle entsprechend den Bedürfnissen des Menschen.

Die adoptiven sowie die reaktiven Aufgaben sind vom Menschen vorgegeben bzw. werden von ihm gesteuert und übernommen. Technische Nichtgleichgewichtssysteme sind Werkzeuge in den Händen des Menschen. Bei der Dampfmaschine werden nur die produktiven Stadien, wird also nur die eigentliche Energieumwandlung (Kinetisierung) der Maschine überlassen. Inzwischen gibt es dank der Entwicklung der Steuerungstechnik Maschinen, die mehrere Aufgaben selbst übernehmen können, doch ist es bisher noch nicht gelungen, selbstorganisierende, d.h. auch zur Selbstanpassung ihrer eigenen Gestalt an die jeweiligen wechselnden Gegebenheiten befähigte und sich selbst erneuernde Geräte zu entwickeln. Zwar gibt es etliche Ansätze, doch bedarf es sehr viel komplizierterer Mechanismen, unseres Erachtens auch des Nachvollzugs der ganzen Prozeßsequenz in den 4 Bindungsebenen, zudem einer übergeordneten Hierarchie, die den Informations- und Energiefluß garantieren. Es kann hier nicht näher darauf eingegangen werden.

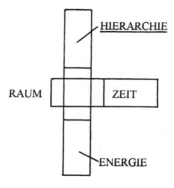

Abb. 20: Thema der 5. Komplexitätsstufe: Ausgleich zwischen den Energieflüssen mittels hierarchischer Prozesse im Hierarchischen System (vgl. Abb. 14). Die Prozesse in der systemischen Hierarchie-Dimension werden optimiert.

2.5. Hierarchische Systeme und Evolution (vgl. Abb. 20)

2.5.1. *Ein Bauernhof in Wörpedorf, ein Teil einer Populationshierarchie*

Der Bauernhof produziert zwar Lebensmittel der verschiedensten Art und Brennmaterial, doch er ist nicht autark. Er benötigt eine Vielzahl von Waren, Geräten und Dienstleistungen, die er nicht selbst erstellen kann. Er muß sie erwerben und im Gegenzug seine Produkte verkaufen. So ist er in ein Geflecht von Wirtschaftsbeziehungen eingebunden und muß sich dabei gegen die Konkurrenz behaupten. Er benötigt zunächst Arbeitskräfte, die zwar in den meisten Fällen der Familie des Eigentümers angehören, die sich aber doch als Kostenfaktoren niederschlagen, denn es sind selbständige Individuen. D.h. es genügt nicht, sie nur mit Lebensmitteln, Wohnung und Heizung zu versorgen, sondern sie müssen in die Lage versetzt werden, in der Gesellschaft kulturell und ökonomisch ihr eigenständiges Leben zu führen.

Der Bauer ist auch der Gemeinde Wörpedorf verpflichtet. Er zahlt Steuern, dafür profitiert er von ihren Dienstleistungen. Die Gemeinde ist für das nahe Umfeld des Bauernhofes zuständig und organisiert die nötigen Arbeiten, den Bau und Unterhalt der Kanäle, der Straßen und Brücken, der Schulen, in jüngerer Zeit auch der Einrichtungen für den Sport sowie der Gemeindeverwaltung. Sie ist für die Infrastruktur verantwortlich, die das Wirtschaften der Organisate erst ermöglicht. Sie schafft sich einen Mittelpunkt, an dem sich gemeinsame Einrichtungen ansiedeln können (z.B. Geschäfte, verschiedene Genossenschaftsinstitutionen wie ein Getreidelager, eine Bank etc.). In Wörpedorf ist der Mittelpunkt etwa dort, wo die Straße nach Worpswede die Dorfstraße kreuzt und über eine Brücke die Wörpe in Richtung Südosten passiert. Hier steht die Grasberger Kirche (vgl. Kap. 2.4.3.2). Auf der anderen Seite hat die Gemeinde auch für den Umweltschutz zu sorgen, die Pflege der Landschaft, die Beseitigung des Abfalls und der Abwässer.

Die Gemeinde ist aber auch der lokale Lebensraum der Menschen, alle für das Leben wichtigen Verrichtungen können hier zu Fuß oder mit Nahverkehrsmitteln in kurzer Zeit (im allgemeinen in weniger als einer Stunde) erreicht werden. Die Bevölkerung lebt miteinander, entwickelt eigene Formen der gesellschaftlichen Kommunikation. Die persönliche Bekanntschaft, gemeinsame Feste, notfalls Nachbarschaftshilfe und ein reges Vereinsleben bedingen menschliche Nähe, aber auch soziale Kontrolle. Sie verklammern die Menschen, sind Ausdruck einer starken sozialen Kohärenz.

Der Bauernhof und Wörpedorf gehörten und gehören zum Einzugsgebiet von Bremen, das mit seinem Umland als eine übergeordnete Population anzusehen ist. Die Stadt ist über Straßen, Kanäle und Eisenbahn zu erreichen. Sie ist das ökonomische und kulturelle Zentrum der ganzen Region mit Banken, Versicherungen, mit Rechtsanwälten und Krankenhäusern, mit Einkaufsmöglichkeiten vielfältigster Art, mit Theater und Museen, aber auch mit Arbeitsmöglichkeiten für jene Familienangehörigen, die nicht in der Landwirtschaft Arbeit finden und täglich nach Bremen pendeln müssen. So ist der Zugang zur Stadt auch für unseren Bauernhof lebenswichtig, denn die Stadt ist ein Oberzentrum, ein zentraler Ort, dessen Einrichtungen den gehobenen Bedarf für eine große Region befriedigen, und die nicht täglich, aber doch periodisch oder bei Bedarf aufgesucht werden müssen.

Dies war auch schon früher so. Der Bedarf an Torf war groß, dieses Produkt wurde über Kanäle, die Wörpe, die Wümme und den Kuhgraben bis nahe an die Altstadt von Bremen heran transportiert. Im Umland Bremens kam den Siedlungen im Moor vor allem die Versorgung der Stadt mit Torf als Brennmaterial zu, daneben wurde auch mit einigen Lebensmitteln, Blumen, aus Weiden geflochtenen Körben etc. gehandelt. Dafür konnten die Bauern Gewerbe- und Handelsleistungen des zentralen Ortes Bremen in Anspruch nehmen. Andere Gemeinden im städtischen Umland hatten und haben ähnliche, zusätzlich aber auch andere Aufgaben, z.B. die Versorgung der Stadt mit Holz oder mit Fisch. Dies zeigt, daß die natürlichen Ressourcen über einen - gegenüber dem Bauernhof und der Gemeinde - größeren Raum viel besser ausgenutzt werden konnten und können, wobei die Transportkosten zum Markt Bremen hinzugerechnet werden müssen. So hat die Stadt-Umland-Population die Funktion, den Ausgleich zwischen den gewerblichen und den landwirtschaftlichen Aktivitäten im Raum zu ermöglichen (vgl. Kap. 2.4.3.2). In unserem Fall bedeutet dies, daß die Wirtschaft des Bauernhofes nicht nur durch die Gemeinde Wörpedorf, sondern auch durch die übergeordnete, eine ganze Region umfassende Stadt-Umland-Population, geprägt wird.

In der Gemeinde werden aber auch hoheitliche Aufgaben wahrgenommen, also Aufgaben, die Sache des Staates sind. Der Staat gewährt Sicherheit und Rechtsschutz. Einschränkungen der individuellen Freiheit und Möglichkeiten der eigenen Entfaltung in einem klaren Rechtsrahmen gehen Hand in Hand. Die Polizei ist in der Gemeinde präsent, und in der Gemeindeverwaltung wird das Personenregister geführt, das jeden Bürger erfaßt. Hier können Anträge gestellt werden, werden Verordnungen bekanntgegeben, wird in Steuersachen mit dem Finanzamt zusammengearbeitet, etc. Der Staat ermöglicht durch seine Verfassung und konkret durch seine Gesetzgebung den Organisaten, sich wirtschaftlich zu entfalten und vom Markt und Geldgewerbe zu profitieren.

Die Kirche wiederum ist Ausdruck der religiösen und weltanschaulichen Grundorientierung. Sie ist Motor und Teil der Kultur, die ethische Maßstäbe setzt, die Langzeitwerte und Normen festlegt und vermittelt. Diese "Dienstleistung" hat ihren Hintergrund in der europäischen Kultur, die von der ganzen Kulturpopulation getragen wird.

Damit zeigt sich eine mehrstufige Hierarchie der Populationen.[86] Hierarchie meint ein Anordnungs-/Befolgungs-Verhältnis in einer oder verschiedenen Funktionen. Es handelt sich um Populationen, der kleineren Populationen zuarbeiten. Diese kleineren sind aber eigenständig, auf Eigenerhalt bedacht, wie alle Nichtgleichgewichtssysteme. D.h. diese Populationen haben auch andere Aufgaben. Die Hierarchie umfaßt die Individuen, das Organisat Bauernhof, und - die Stufenleiter weiter oben - die Gemeinde, die Stadt-Umland-Population, den Staat und die Kulturpopulation. Jedes dieser Systeme hat eine spezifische Aufgabe im Gesamt der Hierarchie:
- Das Individuum bildet als Arbeitskraft bzw. Konsument die Basis der Hierarchie;
- der Bauernhof ist für die Bodennutzung zuständig. Generell organisieren die Organisate intern die Arbeit, d.h. die Informations- und Energieverarbeitung (Kap. 2.4.1);
- der Gemeinde kommt die Aufgabe zu, die für die Arbeit der Organisate nötige Infrastruktur zu schaffen und zu erhalten;
- die Stadt-Umland-Population verbindet die Gemeinde durch den Verkehr mit den anderen Gemeinden im Raum und ermöglicht so, daß die Rohstoffe, Güter und Dienstleistungen verteilt und die Menschen sich über die Gemeindegrenzen hinaus bewegen können;
- der Staat garantiert durch die Verfassung, durch Gesetze und ihre Durchsetzung die Ordnung und überwacht die Spielregeln, nach denen die Bürger die Aktivitäten ungestört vollführen können;
- die Kulturpopulation übermittelt vor allem über die Staaten, aber auch direkt den Menschen, den Wertekatalog, der den Aktivitäten und Prozessen als Basis dient.

Diese Zuständigkeiten und Aktivitäten können als Informations- und Energieflüsse gewertet werden. Sie sind im Rahmen von Institutionen zu sehen. Die Institutionen, die sich in diesen Zuständigkeiten und Aktivitäten niederschlagen, dienen einerseits der Abgrenzung der einzelnen hierarchischen Populationsebenen voreinander, andererseits der Ankopplung der Informations- und Energieflüsse aneinander. Sie fungieren so als Träger von Codes, die das gesellschaftliche Leben strukturieren, geben der gesellschaftlichen Hierarchie ihre Konstanz und verhindern eine gegenseitige Störung (vgl. Tab. 1).

Populationen	Institutionen
Kulturpopulation	Religion, Vermittlung von Werten
Staat	Herrschaft, Kontrolle
Stadt-Umland-Population	Verkehr
Gemeinde	Schaffung der Infrastruktur
Organisat	Erzeugung von Produkten
Individuen	Arbeit und Konsum

Tab. 1: Das Organisat in der Hierarchie der Populationen und Institutionen.

Im Informationsfluß werden den Individuen Werteordnung, staatliche Aufsicht, Verkehrsanbindung, Infrastruktur und die Einbindung in das Produktionsgeschehen von den Populationen der hierarchisch Übergeordneten Umwelt gewährt, sie haben dazu ihren Beitrag zu leisten und dies in ihrer Rolle mit zu betreiben. Die Hierarchie signalisiert eine vertikale Differenzierung des Anordnungs-/Befolgungs-Verhältnisses, die hierarchisch Übergeordnete Umwelt wird in die Systemkontrolle einbezogen. Andererseits erhalten die Individuen und Organisate aus der energetischen Übergeordneten Umwelt über Handel und Marktmechanismen die Anregung, Energie in Form von Produkten aus der energetisch Untergeordneten Umwelt zu gewinnen und an die Übergeordnete Umwelt zu liefern. So muß also zwischen der hierarchisch Über- und Untergeordneten Umwelt (d.h. Anordnungs-/Befolgungs-Verhältnis) und der energetisch Über- und Untergeordneten Umwelt (d.h. Nachfrage-/Angebots-Verhältnis) unterschieden werden.

Dies alles vollzieht sich ja in Prozessen, d.h. jede Population hat als Nichtgleichgewichtssystem ihre eigene Prozeßsequenz (vgl. Kap. 2.4.2). Es müssen jeweils alle Stadien des Induktionsprozesses durchlaufen werden, von der Aufnahme der Anregung aus der Übergeordneten Umwelt im Perzeptionsstadium über die Kontaktierung der Untergeordneten Umwelt in dem Organisationsstadium bis zur Abgabe des Angebots wieder an die Übergeordnete Umwelt im Stabilisierungsstadium. Zudem ist jeder Prozeß in die Hierarchie eingebettet:
- Wir hatten gesehen, daß die Arbeit des Bauernhofes, die ökonomische Umwandlung der Energie, sich nach den Jahreszeiten richten muß. Das ländliche Jahr ist der begrenzende und von außen, dem Klimageschehen, vorgegebene Rhythmus. Jeder Teilprozeß benötigt, d.h. jedes Stadium dauert Wochen oder Monate.
- Maßnahmen zur Verbesserung der Infrastruktur, die ja der Gemeinde obliegen, dauern länger. Der Bau der Kirche in Grasberg wurde bereits als ein solcher Prozeß vorgestellt (vgl. Kap. 2.4.3.2). Er hat etwa ein Jahrzehnt gedauert, d.h. im Durchschnitt währte jedes Stadium etwa ein Jahr. Auch die ebenfalls vorgeführte Etablierung Wörpedorfs währte mehrere Jahre.
- Sie ist im Zuge der Hannoverschen Moorkolonisation zu sehen, die vom Königreich Hannover ausging. Bei dieser Kolonisation wurde eine ganze Region neu gestaltet, eine Volksgruppe gebildet, ausgerichtet auf die nahegelegene Großstadt Bremen. Der Prozeß währte etwa 70 Jahre (abgesehen von Nachzüglern). Die

einzelnen Stadien dieses Prozesses - sie brauche ich hier nicht aufzuführen - nahmen im Durchschnitt mehrere Jahre in Anspruch.[87]

Zusammenfassend können wir feststellen, daß
- die dem Bauernhof zuzuschreibende Arbeit jeweils in einem Einjahresrhythmus vorgenommen wird,
- der für die Gemeinde vorgesehene Kirchenbau mehrere Jahre in Anspruch nahm, und
- die die ganze Region gestaltende Kolonisation mehrere Jahrzehnte währte.

Auf jeder Populationsebene haben die Prozesse also eine andere Dauer, die untergeordneten Populationen produzieren rascher als die übergeordneten; denn sie arbeiten jeweils den übergeordneten zu. Zu einem Stadium in der übergeordneten Population haben die untergeordneten Populationen einen ganzen Induktionsprozeß (mit 7 Stadien) beizusteuern. So nimmt die Zahl der Prozesse von oben nach unten exponentiell zu, die Dauer der Prozesse dementsprechend ab.

Wie das Beispiel des Bauernhofs und der kleinen Siedlung Wörpedorf zeigt, kann bereits andeutungsweise die Wirksamkeit einer ganzen Hierarchie von Populationen erkannt werden. Jede Population hat ihre spezifischen Aufgaben zu erfüllen, ist in besonderer Weise aufgebaut, hat ihre Prozesse zur Erhaltung ihrer selbst durchzuführen. Die Menschen im Bauernhof repräsentieren die Elemente dieser Hierarchie, sie gehören allen übergeordneten Populationen an, arbeiten für sie und profitieren von ihnen.

Man kann die Hierarchie gedanklich komplettieren und kommt so über die Kulturpopulation zur Menschheit als Ganzes. Ihr Lebensraum ist die Ökumene. Sie verändert sich durch einen Prozeß, dem alle untergeordneten Prozesse angehören, durch die Kulturelle Evolution (vgl. Kap. 2.5.3).

2.5.2. Komplexionsprozeß

Die enge Verflechtung des Bauernhofes mit übergeordneten Populationen auf der einen und mit den Individuen als Arbeitskräften auf der anderen Seite, sowie das mehr oder weniger gute Funktionieren des Informations- und Energieflusses in der Menschheit läßt die arbeitsteiligen Populationen in einen engen hierarchischen Verbund erscheinen.

Jede Population benötigt zum Überleben verschiedene qualitative Voraussetzungen aus ihrer Umwelt, so eine Grundorientierung auf der Basis von Langzeitwerten, die Kontrolle eines geordneten Miteinanders, die Handel und Wandel erlaubt, die Anbindung an den Verkehr, die eine Entgegennahme von lebens- und betriebsnotwendigen Materialien und eine Abgabe von selbst erstellten Produkten erlaubt, zudem eine für die eigenen Arbeiten nötige lokale Infrastruktur. Träger dieser Aufgabe sind, wie gezeigt, die übergeordneten Populationen. Es gilt nun, die Struktur dieses hierarchischen Gebildes der Menschheit in seinen Grundzügen zu fassen. Der im Folgenden skizzierte Komplexionsprozeß führt von der Populationsstruktur zur Hierarchie.

$$\sum_{i=1}^{i=n} \begin{matrix} 1\,2\,3\,4\,4\,3\,2\,1 \\ 4\,3\,2\,1\,1\,2\,3\,4 \\ 3\,4\,1\,2\,2\,1\,4\,3 \\ 2\,1\,4\,3\,3\,4\,1\,2 \end{matrix}$$

Abb.: 21: Schema des Hierarchischen Prozesses im Bündelungsstadium. Zum Verständnis vgl. Abb.18. Der Hierarchische Prozeß beinhaltet n (durch Faltung verstetigte) Arbeitsteilige Prozesse. Dargestellt sind die Einzelstadien eines Arbeitsteiligen Prozesses, die Ziffern geben den Prozeßverlauf an. Vgl. Text.

Bündelung (vgl. Abb. 21):

Es gibt viele einfach oder kompliziert strukturierte, durch Arbeitsteilige Prozesse charakterisierte Organisate. Würde jede dieser Populationen isoliert ihre Umwelt nutzen, würden die Ressourcen an vielen Stellen bald aufgezehrt sein; denn die Energiebasis wäre dort zu schmal, eine Nachhaltigkeit wäre nicht gegeben. Es muß die Möglichkeit geben, nicht nur innerhalb, sondern auch zwischen den Populationen arbeitsteilig zu wirtschaften, so daß die Energieressourcen in größeren Einheiten besser genutzt werden können. Die Menschheit ist eine solche größere Einheit. Im Bündelungsstadium wird der Umfang festgelegt. Dies läßt sich schematisch - in Fortsetzung früherer Überlegungen - darstellen: Die Nichtgleichgewichtssysteme als Ergebnisse der Faltung (als Induktionsprozesse erscheinend; vgl. Kap. 2.4.2) des vorhergehenden Komplexionsprozesses werden gebündelt.

Ausrichtung (vgl. Abb. 22):

Diese ganzen Populationen mit ihren jeweiligen Prozeßsequenzen werden auf einen gemeinsamen Prozeß hin ausgerichtet. Hier gelangen also die herausselektierten und gebündelten Eigenschaften in eine neue Prozeßsequenz mit den Aufgaben Perzeption ... Stabilisierung - wie im Nichtgleichgewichtssystem (vgl. Kap. 2.4.1). Durch die Ausrichtung wird eine Art übergeordneter Arbeitsteiliger Prozeß gebildet, der die ganze zu bildende hierarchische Struktur (in unserem Beispiel die Menschheit) umfaßt. Es ist hier wie bei den früher geschilderten Komplexionsprozessen. In den oberen Quadranten des neuen Koordinatensystems führt der Prozeß in das System (+x,+y) und wird dort aufgenommen (-x,+y), dies ist der Induktionsprozeß. Der zugehörige, das neu zu bildende System selbst festigende Reaktionsprozeß ist unterhalb der Abszisse angeordnet (in den Quadranten -x,-y und +x,-y).

Verflechtung (vgl. Abb. 23):

Nun müssen die Stadien der Prozeßsequenz in eine Hierarchie gebracht werden, denn sie treten nicht nur in einer Reihenfolge auf, sondern sind - entsprechend ihrer allgemeinen Bedeutung - auch einander über- bzw. untergeordnet. Damit erhalten die Prozesse eine hierarchische Struktur, die zeitlich vorhergehenden oder "vorge-

```
           ←―――――
    1 2 3 4 4 3 2 1 | 1 2 3 4 4 3 2 1
    4 3 2 1 1 2 3 4 | 4 3 2 1 1 2 3 4
    3 4 1 2 2 1 4 3 | 3 4 1 2 2 1 4 3
    2 1 4 3 3 4 1 2 | 2 1 4 3 3 4 1 2
    ―――――――――――――――――――――――――――――――
    2 1 4 3 3 4 1 2 | 2 1 4 3 3 4 1 2
    3 4 1 2 2 1 4 3 | 3 4 1 2 2 1 4 3
    4 3 2 1 1 2 3 4 | 4 3 2 1 1 2 3 4
    1 2 3 4 4 3 2 1 | 1 2 3 4 4 3 2 1
           ―――――→
```

Abb. 22: Schema des Hierarchischen Prozesses im Ausrichtungsstadium. Zum Verständnis vgl. Abb. 21. Die gebündelten Arbeitsteiligen Prozesse werden für den neuen Prozeß sachlich in 4 Gruppen sortiert. Ein neues Koordinatensystem (1. Ordnung) wird eingerichtet. In jedem Quadranten erscheinen für die gebündelten Arbeitsteiligen Prozesse als Prozesse 2. Ordnung eigene Koordinatensysteme. Die Pfeile deuten die Richtung des Prozesses 1. Ordnung an (Verlauf entgegen dem Uhrzeigersinn). Nur im Koordinatensystem 1. Ordnung wurden die Achsen eingetragen. Vgl. Text.

setzten" Stadien sind den nachfolgenden oder "nachgeordneten" hierarchisch vorzusetzen bzw. nachzuordnen. Damit gelangen auch die (qualitativen) Aufgaben in eine Hierarchie, erhalten eine Kontrollfunktion. Kontrolle meint hier, daß Informationen, z.B. Entscheidungen, von einem Sender an einen Empfänger weitergeleitet werden können, und daß sichergestellt ist, daß die Anweisungen befolgt werden. Dies impliziert, daß die Verhaltensweisen angepaßt bzw. die geforderten Arbeiten in den Aufgabenfeldern durchgeführt werden. Die Hierarchie gibt die Möglichkeit, daß die Prozesse der Populationen im Sinne der Menschheit in den qualitativ verschiedenen Sparten ausreichend kontrolliert werden.

Formal wird dies durch (mathematische) Umkehrung erreicht. Der vormals horizontale Prozeß wird nun ins Vertikale gebracht, so daß wir sowohl einen vertikalen Prozeß (1. Ordnung) erhalten als auch horizontale Prozesse (2. Ordnung). Das Zifferntableau ist nicht quadratisch, es bestehen in jedem Quadranten des Koordinatensystems horizontal orientierte 8-stadiale Prozesse 1. Ordnung, während die vertikal orientierten Prozesse 2. Ordnung nur 4 Stadien beinhalten. Bei der Umkehroperation sind daher zwei Schritte erforderlich. Im Ergebnis führt der vertikale Prozeß von oben nach unten. Die horizontalen Prozesse in den einzelnen hierarchischen Ebenen müssen sich differenzieren, denn die untergeordneten Prozesse arbeiten den übergeordneten zu - wie innerhalb der Systeme, wo die Prozesse 2. Ordnung jeweils in einem Stadium des übergeordneten Prozesses (1.Ordnung) absolviert sein müssen. So haben die Prozesse je nach hierarchischer Ebene ganz verschiedene Dauer. Durch die Umkehrung wird der Informationsfluß mit dem Induktionsprozeß sowie der Energiefluß mit dem Reaktionsprozeß identisch.

a) 3 2 1 4 2 3 4 1 | 3 2 1 4 2 3 4 1
4 1 2 3 1 4 3 2 | 4 1 2 3 1 4 3 2
1 4 3 2 4 1 2 3 | 1 4 3 2 4 1 2 3
2 3 4 1 3 2 1 4 | 2 3 4 1 3 2 1 4

4 1 2 3 1 4 3 2 | 4 1 2 3 1 4 3 2
3 2 1 4 2 3 4 1 | 3 2 1 4 2 3 4 1
2 3 4 1 3 2 1 4 | 2 3 4 1 3 2 1 4
1 4 3 2 4 1 2 3 | 1 4 3 2 4 1 2 3

b) 1 4 3 2 | 2 3 4 1
2 3 4 1 | 1 4 3 2
3 2 1 4 | 4 1 2 3
4 1 2 3 | 3 2 1 4
4 1 2 3 | 3 2 1 4
3 2 1 4 | 4 1 2 3
2 3 4 1 | 1 4 3 2
1 4 3 2 | 2 3 4 1

1 4 3 2 | 2 3 4 1
2 3 4 1 | 1 4 3 2
3 2 1 4 | 4 1 2 3
4 1 2 3 | 3 2 1 4
4 1 2 3 | 3 2 1 4
3 2 1 4 | 4 1 2 3
2 3 4 1 | 1 4 3 2
1 4 3 2 | 2 3 4 1

Abb. 23: Schema des Hierarchischen Prozesses im Verflechtungsstadium. Zum Verständnis vgl. Abb.22. Die horizontal ausgerichtete Abfolge wird vertikal orientiert. Darstellung der Umkehroperationen:
a) Umkehrung der jeweils 16 Ziffern umfassenden quadratischen Prozeßeinheiten;
b) Umkehrung der jeweils 16 Ziffern enthaltenden Prozeßeinheiten als Ganzes vom Horizontalen ins Vertikale (wie bei Abb. 12).
c) Es sind 2 neue quadratische Einheiten mit je 64 Ziffern entstanden. Die untere, im y-negativen Bereich, muß an einer (gedachten) waagerechten Achse umgedreht werden. Dies kommt aber wegen der Symmetrie nicht zur Geltung.

Faltung (vgl. Abb. 24):

Um den vertikal verlaufenden Prozessen (1. Ordnung) der Hierarchie Stetigkeit zu vermitteln, ist eine Faltung, ein Umklappen um eine horizontale Achse (Abszisse), erforderlich. Nun kommen Perzeption des Induktionsprozesses mit Stabilisierung des Reaktionsprozesses in Kontakt, Determination des Induktionsprozesses mit Kinetisierung des Reaktionsprozesses, usw. Auch die horizontal verlaufenden Prozesse (2. Ordnung), die die Nichtgleichgewichtssysteme (Populationen) der ganzen hierarchischen Ebenen umfassen, werden auf diese Weise stabilisiert.

Als Ergebnis führt der Induktionsprozeß abwärts, d.h. vom Ganzen (die Menschheit als Population; vgl. Kap. 2.5.3.1) über die Subsysteme (Populationen) zu den Elementen (Individuen), und der Reaktionsprozeß von den Elementen die Populationshierarchie aufwärts zum Ganzen. So sind Induktions- und Reaktionsprozeß auf der Elementebene miteinander verkoppelt.

Der Induktionsprozeß erscheint durch die Institutionalisierung der Aufgaben und deren Delegierung an hierarchisch geordnete Populationen als einheitlicher Prozeß, der die untergeordneten Populationen zu bestimmtem Verhalten veranlaßt. Er beinhaltet auch die Antwort der untergeordneten Populationen, ob den Anweisungen gefolgt und den Zwängen nachgegeben werden soll (oder nicht oder nur teilweise).

```
1 4 3 2 2 3 4 1  Per
2 3 4 1 1 4 3 2  Det
3 2 1 4 4 1 2 3  Reg
4 1 2 3 3 2 1 4  Org    ⎤  Induktions-
4 1 2 3 3 2 1 4  Org    ⎦  prozess
3 2 1 4 4 1 2 3  Dyn  ↓
2 3 4 1 1 4 3 2  Kin
1 4 3 2 2 3 4 1  Sta

1 4 3 2 2 3 4 1  Per
2 3 4 1 1 4 3 2  Det
3 2 1 4 4 1 2 3  Reg
4 1 2 3 3 2 1 4  Org    ⎤  Reaktions-
4 1 2 3 3 2 1 4  Org    ⎦  prozess
3 2 1 4 4 1 2 3  Dyn  ↓
2 3 4 1 1 4 3 2  Kin
1 4 3 2 2 3 4 1  Sta
```

Abb. 24: Schema des Hierarchischen Prozesses im Faltungsstadium. Zum Verständnis vgl. Abb. 23. Das Koordinatensystem wird aufgelöst, es entsteht das Schema eines Hierarchischen Prozesses. Nun erfolgt die Faltung. Dabei wird der Reaktionsprozeß an einem (gedachten) waagerechten Scharnier hinter den Induktionsprozeß geklappt. So treten die hierarchischen Ebenen hervor. Die Pfeile geben die Richtung des Prozesses 1. Ordnung wieder (im Induktionsprozeß abwärts, im Reaktionsprozeß aufwärts). Vgl. Text.

Abkürzungen:
Per = Perzeption, Det = Determination, Reg = Regulation, Org = Organisation, Dyn = Dynamisierung, Kin = Kinetisierung, Sta = Stabilisierung.

Durch die in jeder hierarchischen Ebene verlaufenden Prozesse, die ja in ihrem Verlauf eine bestimmte Zeit in Anspruch nehmen, erhalten die Populationen und Individuen ihre eigene Uhr.

Auf diese Weise ist ein neuer Systemtyp entstanden, das Hierarchische System. Durch die Ausdifferenzierung des Anordnungs-/Befolgungs-Verhältnisses ist es in der Lage, den Energiefluß schon in den Informationsstadien so zu steuern, daß die zugehörigen Nichtgleichgewichtssysteme sich ihrerseits unterordnen und spezialisieren können. So bildet das Hierarchische System ein flexibel auf die Unwägbarkeiten der Umwelt reagierendes Ganzes. Der Energieverlust wird so maßgeblich reduziert.

2.5.3. Folgerungen und weitere Beispiele

Hierarchien sind wie die Nichtgleichgewichtssysteme im Mesokosmos auf die soziale und biotische Wirklichkeit beschränkt. Dauerhafte anorganische Hierarchien sind erst jenseits der Grenzen der Lebenswelt im Makrokosmos und im Mikrokosmos erkennbar.

2.5.3.1. Menschheit als Gesellschaft[88]

Basisinstitutionen:

Vereinfacht betrachtet ist die Menschheit in ihrem Lebensraum in sich so strukturiert wie jede soziale Population; von einem Zentrum aus wird ein Bedarf an Gütern festgestellt, die Anregung wird in den übrigen Teil der Menschheit gegeben, von dort kommen die nachgefragten Güter - meist Rohstoffe. Weltweite Nachfrage, weltweite Produktion und weltweite Gestaltung der Ökumene setzen eine weltweite Arbeits- und Aufgabenteilung voraus. Dies beinhaltet eine Gliederung der menschlichen Aktivitäten nach qualitativen Gesichtspunkten. In Institutionen wird diese sachliche Aufteilung durch verschiedene Organisationsformen und Normen verstetigt, so daß sie eine allgemein von der Gesellschaft akzeptierte Komponente der Ordnung darstellen.

In einigen umfassenden Institutionen lassen sich die grundlegenden sozio-ökonomischen Aktivitäten und Prozesse wiedererkennen. Die Menschheit hat als Population die in der bereits behandelten Prozeßsequenz (vgl. Kap. 2.4.1.) aufgelisteten Aufgaben (Perzeption ... Stabilisierung) zu erfüllen, um existieren zu können. Man kann nun z.B. fragen, welche Institutionen der Aufgabe der Regulation zuzuordnen sind. Allgemein gesehen hängt eine Entscheidung natürlich davon ab, im Rahmen welches Nichtgleichgewichtssystems bzw. Prozesses die Regulation als Aufgabe zu lösen ist. In unserem Fall muß man den die Menschheit als Ganzes gestaltenden Prozeß betrachten. Diese gleichsam ranghöchsten Institutionen bezeichnen wir als Basisinstitutionen:
- Wissen und Wissenschaft sowie die Kunst als Basisinstitutionen beruhen auf Wahrnehmung, und diese ist - ganz allgemein - die Voraussetzung dafür, daß sich die Menschen in ihrer Umwelt zurechtfinden und ihr Verhalten danach richten können. Um eine Basis für die lebenswichtigen Entscheidungen zu erhalten, müssen zunächst Informationen eingeholt werden. Als Aufgabe erscheint die "Perzeption", sie bildet die Voraussetzung für jegliches (nicht spontanes) Handeln.
- Wie die Menschen handeln, hängt letztlich von ihrer Grundeinstellung zum Leben und zur Umwelt ab. Es ist eine Entscheidung. Im Katalog der Aufgaben erscheint hier die "Determination". Die Religion (als Basisinstitution) wie überhaupt die Vermittlung der allgemeinen Werte geben dem Menschen ihre Grundorientierung, ihren Sinn, sie fixieren das erwünschte, wenn auch nicht immer erreichbare ethische Ziel.
- Autorität (als Eigenschaft einer Person), Macht und Herrschaft (als Eigenschaften eines Systems) bilden die Basisinstitutionen, die sich mit der Aufgabe der "Regulation" verbinden. Denn sie bilden den Rahmen, in dem die Prozeßschritte koordiniert werden können, in dem die Informationsweiterleitung kontrolliert werden kann. Ohne Kontrolle ist keine Koordination möglich.
- Der Verkehr (als Basisinstitution) erlaubt eine räumliche "Organisation". Die Ressourcen der Untergeordneten Umwelt können dadurch optimal genutzt werden, daß man die Vor- und Nachteile der einzelnen Örtlichkeiten miteinander verknüpft.

- Die Nutzung der Energieressourcen der Untergeordneten Umwelt, d.h. die Aufgabe der "Dynamisierung", wird durch die Schaffung der Infrastruktur, u.a. der Dauerhaften Anlagen, ermöglicht.
- Die Erzeugung der Produkte selbst ist mit der Aufgabe der "Kinetisierung" umschrieben. Sie ist mit Arbeitsteilung und -organisation verbunden. Im Einzelnen kann dies ganz Verschiedenes beinhalten, und das Produkt kann materieller oder nicht materieller Art sein.
- Als Arbeit kann man die planmäßige körperliche und geistige Tätigkeit definieren. Der Lohn dafür erlaubt dem Menschen, seine Bedürfnisse zu befriedigen. Arbeit und Konsum sind die Basisinstitutionen, die am Ende der Skala stehen und so die Aufgabe der "Stabilisierung" erfüllen.

Ordnet man dies in eine Prozeßsequenz ein, so ergibt sich das Bild in Tab. 2:

Basisinstitutionen	Basisaufgaben
Wissenschaft	Perzeption
Religion	Determination
Herrschaft	Regulation
Verkehr	Organisation
Infrastruktur	Dynamisierung
Erzeugung	Kinetisierung
Arbeit, Konsum	Stabilisierung

Tab. 2: Die Basisinstitutionen und die Basisaufgaben der Menschheit als Gesellschaft

Die Hierarchie der Prozesse:

Aus der Sicht der Menschen sind die institutionalisierten Vorgaben und Zwänge alle wichtig, aber von verschieden langer Gültigkeit. So gibt es "ewige Werte", solche also, die unverrückbar sind, das Wissen um Gott und die Welt, die ethische Grundeinstellung; dann gibt es die lange Gültigkeit ("longue durée")[89], wie die staatliche Verfassung, die technischen Großinstallationen wie Eisenbahnen oder Maschinenbauindustrie. Viele Institutionen sind mit Prozessen verbunden, die im Laufe des Lebens häufiger wechseln, wie Moden, Maschinenreparaturen, Änderungen der Infrastruktur. Schließlich sind die jährlichen, monatlichen, wöchentlichen und täglichen Perioden zu nennen, die die Lebensbedingungen im Detail stark beeinflussen.

Es werden also, wie schon oben angedeutet (vgl. Kap. 2.5.1), für die Prozesse ganz verschiedene Zeitspannen benötigt. In unserer hochdifferenzierten Gesellschaft unterscheidet sich die Prozeßdauer in den jeweils über- bzw. untergeordnet benachbarten hierarchischen Ebenen - im Mittel - durch den Faktor 10, auffällig besonders bei den länger währenden Prozessen. Bei den kürzere Zeit in Anspruch nehmenden Prozessen ergeben sich Abweichungen, vor allem, weil die Natur einen anderen Rhythmus aufzwingt (Jahresrhythmus, Tagesrhythmus). Generell können auch mehrere Glieder der Prozeßsequenz in einzelne Phasen zusammengedrängt werden, ebenso wie umgekehrt einzelne Glieder der Prozeßsequenz mehrere Phasen beinhalten können. Wenn wir nun eine Zusammenstellung vornehmen (vgl. Tab. 3), legen wir die Dauer der einzelnen Teilprozesse (Perzeption, Determination etc.) zugrunde, nicht die Dauer der gesamten Prozeßsequenz des Induktionsprozesses. Diese währt ja jeweils im Durchschnitt 10 mal so lange.

Basisaufgaben	Dauer der Prozesse (Stadien)
Perzeption	Millennienrhythmus (ca. 5000 Jahre);
Determination	Zentennienrhythmus (ca. 500 Jahre);
Regulation	Dezennienrhythmus (ca. 50 Jahre);
Organisation	Mehrjahresrhythmus (ca. 5 Jahre);
Dynamisierung	Jahresrhythmus;
Kinetisierung	Monats-, Wochenrhythmus;
Stabilisierung	Tagesrhythmus.

Tab. 3: Die Basisaufgaben der Menschheit als Gesellschaft und die Dauer der Prozesse

Die Hierarchie der Populationen:

Den Institutionen und Prozessen sind Populationen zuzuordnen, die als Träger fungieren (vgl. Tab. 4):
- Die Menschen verfügen von Natur aus über einen sensorisch in gleicher Weise ausgestatteten Organismus, der es ihnen erlaubt, die Vor- und Nachteile der Natur als lebenswichtige Ressource wahrzunehmen. Die Erwerbung solcher Kenntnisse, d.h. die "Perzeption" (Basisinstitution Wissenschaft), ist als die der gesamten Menschheit zuzuordnenden Aufgabe zu sehen, d.h. der Menschheit als Population.[90]
Die Prozesse vollziehen sich im Millennienrhythmus.
- Die Religion bildet die wichtigste Basisinstitution (Aufgabe "Determination"), deren Träger die Kulturpopulationen sind. Sie sind jene Einheiten, die sich auf Religionsstifter oder doch auf einen spezifischen Wertekatalog berufen, sich durch eine bestimmte Auffassung vom Leben auszeichnen, durch eine definierbare Position in der Kulturellen Evolution, d.h. auch durch den Grad der Arbeitsteilung. Die Prozesse vollziehen sich im Zentennienrhythmus.
- Die Rahmenbedingungen für die Basisinstitutionen Autorität, Macht und Herrschaft, d.h. für die Aufgabe der "Regulation", werden von dem Staat garantiert. Er kontrolliert, daß die Handlungen und Prozeßverläufe nach Gesetz und Ordnung durchgeführt werden. Die Prozesse vollziehen sich im Dezennienrhythmus.
- Als Populationstyp, in dem die Basisinstitution Verkehr optimiert wird, d.h. das Aufgabenstadium der "Organisation" realisiert wird, erweist sich die Stadt-Umland-Population. In ihr werden (idealiter) die Dienstleistungen und Gewerbe im Zentrum mit der Landwirtschaft und den Erholungseinrichtungen im Umland verknüpft. Die Prozesse vollziehen sich im Mehrjahresrhythmus.

Basisaufgaben	Prozeßdauer	Populationstypen
Perzeption	Millennienrhythmus	Menschheit als Population
Determination	Zentennienrhythmus	Kulturpopulation
Regulation	Dezennienrhythmus	Staat
Organisation	Mehrjahresrhythmus	Stadt-Umland-Population
Dynamisierung	Jahresrhythmus	Gemeinde
Kinetisierung	Wochen-,Monatsrhythmus	Organisat
Stabilisierung	Tagesrhythmus	Individuum

Tab. 4: Basisaufgaben, Prozeßdauer und Populationstypen der Menschheit als Gesellschaft

- Die Steuerung der Nutzungsaktivitäten obliegt der Gemeinde. Sie ermöglicht die geordnete Kontaktierung der untergeordneten Umwelt durch Schaffung einer geeigneten Infrastruktur (als Basisinstitution), d.h. sie besorgt die Aufgabe der "Dynamisierung". Die Prozesse vollziehen sich im Jahresrhythmus.
- Das Organisat ist, wie wir am Beispiel des Bauernhofes gesehen haben, die Population, in der die eigentliche Erzeugung (als Basisinstitution) ihren Platz hat, d.h. die Aufgabe der "Kinetisierung". Im Organisat wird die Arbeit geteilt und die Energieumwandlung in Produkte optimiert. Die Prozesse vollziehen sich im Monats- und Wochenrhythmus.
- Die Individuen stehen in der Hierarchie ganz unten (Aufgabe "Stabilisierung"). In ihnen werden die Basisinstitutionen Arbeit und Konsum verbunden. Die Individuen sind die Elemente des hierarchischen Systems, das von den Populationen der Menschheit gebildet wird. Sie erhalten ihr Einkommen aus der eigenen Arbeitsleistung, müssen aber auch für die übergeordneten Populationen Leistungen erbringen. Die Prozesse vollziehen sich im Tagesrhythmus.

Die Kulturelle Evolution:

Im Altpaläolithikum lebten die Menschen als Sammler und Jäger. Sie besiedelten nach und nach die Erde und schufen so ihren Lebensraum, die Ökumene. Mit dem Jungpaläolithikum setzte ein neuer Abschnitt in der Menschheitsgeschichte ein. Die Bevölkerung begann nun - bis heute anhaltend -, stark zuzunehmen, begleitet von der Aufnahme und Verbreitung von Innovationen vor allem von technischem Gerät, was auf eine Vermehrung auch des Wissens von der Umwelt und der Möglichkeit ihrer Nutzung deutet. Die Sammler und Jäger begannen sich zu differenzieren, die Aufgaben der Gesellschaft, konkretisiert in den Basisinstitutionen, selektierten sich nach und nach mit einer entstehenden Populationshierarchie heraus.
 Damit bildete sich die Menschheit als Hierarchisches System, das wir Menschheit als Gesellschaft nennen wollen. In sich sind die verschiedenen Populationsebenen in der Weise miteinander verkoppelt, daß die untergeordneten Populationen, wie bereits oben dargelegt, als Subsysteme den übergeordneten zuarbeiten. Die Aufnahme der Anregung erfolgt seitens der übergeordneten Population jeweils im Perzeptions-

stadium (vgl. auch Abb. 19). Im Regulationsstadium erfolgt dann die Abgabe der Anregung nach unten. Dies ist der vertikale (hierarchische) Anordnungsfluß. Während des Organisationsstadiums wird in dem Niveau der untergeordneten (schneller produzierenden) Populationen der Anordnung entsprochen. Dann wird umgekehrt der Befolgungsfluß von unten empfangen und im Dynamisierungsstadium weitergegeben, um schließlich im Stabilisierungsstadium angeboten zu werden. In den Stadien Determination und Kinetisierung erfolgen die Umwandlungen, der Prozeß läuft auf derselben Ebene fort.

Dies hierarchische System wird so erhalten, doch gleichzeitig wird zur Erhaltung der Populationen jeweils von den untergeordneten Populationen verlangt, daß sie ihre Aufgabe erfüllen, und das geschieht nur, indem sie die Prozeßsequenz in ihrem eigenen Schwingungsrhythmus durchlaufen. Es werden alle hierarchischen Ebenen der Menschheit als Gesellschaft einbezogen, d.h. von der Menschheit als Population, die im Millennienrhythmus den Schrittgeber darstellt, über die Kulturpopulationen (Zentennienrhythmus)[91], die Staatspopulationen (Dezennienrhythmus), die Stadt-Umland-Populationen (Mehrjahresrhythmus), die Gemeinden (Jahresrhythmus), die Organisate (Monats-, Wochenrhythmus) bis zu den Individuen (Tagesrhythmus). Daher ändert sich das Gesamtsystem, die Kulturelle Evolution ist gleichzeitig ein erhaltender und verändernder Prozeß. Man kann auch sagen: Nur durch Veränderung erhält sich das System selbst. Die jeweils neuen Stadien des übergreifenden Prozesses werden durch "Revolutionen" eingeleitet:[92]
- "Jungpaläolithische Revolution" (ca. 30.000-15.000 v.Chr.): Die darstellende Kunst (Basisinstitution der "Perzeption") erlebte vor allem im Franko-Kantabrischen Raum ihre erste Blüte;
- "Mesolithikum" (beginnend ca. 12.000-8000 v.Chr.): Noch keine genaueren Erkenntnisse. Anscheinend wurde nun in dem südost-anatolischen Raum und den Nachbarregionen erstmals der Bau fester Häuser üblich, und dies im Zusammenhang mit der Wirtschaftsweise des (Sammelns und) Jagens;
- "Neolithische Revolution" (ca. 9000-7000 v.Chr.): Einführung des Feldbaus im "Fruchtbaren Halbmond" (d.h. im breiten Streifen westlich, nördlich und nordöstlich der Syrischen und Mesopotamischen Wüste), verbunden mit Seßhaftigkeit; möglicherweise bildeten sich auch herrschaftliche Strukturen heraus;
- "Urbane Revolution" (ca. 3000 v.Chr.): Das Städtewesen nimmt in Mesopotamien seinen Ausgang, verbunden mit einer Neuorientierung des Verkehrs (Basisinstitution der "Organisation");
- "Industrielle Revolution" (ca. 1700-2000 n.Chr.): Mit der von Portugal und Spanien ausgehenden Kolonialisierung der Erde seit dem 15. Jahrhundert wurde die Gewinnung der Energieressourcen auf eine neue Basis gestellt. Die eigentliche Industrialisierung begann in England. Sie ermöglichte die effektive Nutzung nicht-tierischer und nichtmenschlicher Energie in vorher unvorstellbarem Ausmaß (Basisinstitution der "Dynamisierung").
So scheint mit jeder "Revolution" die dominante Aufgabe in der Hierarchie von Populationsebene zu Populationsebene von oben nach unten zu driften.

Zwischen den hierarchischen Populationsebenen vermitteln Fließgleichgewichtssysteme. In ihnen erfolgt der Austausch der Informationen und Waren (Energie). Der den Populationen gegebene Impuls zur eigenen Produktion bedeutet die Übernahme von Innovationen (im Informationsfluß, von oben), sowie von Roh- und Hilfsstoffen (im Energiefluß, von unten). Diese Fließgleichgewichtssysteme sind die Foren, in denen sich die Nichtgleichgewichtssysteme gegen die Konkurrenz der Nichtgleichgewichtssysteme auf der gleichen Ebene behaupten müssen, denn jedes Nichtgleichgewichtssystem ist bestrebt, sowohl bei Aufnahme der Rohstoffe (aus der Untergeordneten Umwelt) als auch bei der Abgabe seiner Produkte (in die Übergeordnete Umwelt) sich durchzusetzen. Hier erfolgt also der Kampf um Einfluß, um Märkte. Dies trifft vor allem natürlich für die ökonomischen Organisate zu, aber auch - wenn vielleicht auch nicht so auffällig - für kulturorganisierende und andere Organisate. Gerade in jüngster Zeit haben sich im Zuge der Globalisierung enorme Wandlungen vollzogen. Die Informationsverbreitung ist immer perfekter geworden, aber auch die Transport- und Handelsmöglichkeiten sind stark erweitert worden.

Hand in Hand mit der Übernahme von Innovationen erfolgt eine Auslese unter den Populationen aller hierarchischen Ebenen selbst; die übergeordneten Populationen können über die Fließgleichgewichtssysteme die Produkte auswählen und damit über das Schicksal der produzierenden Populationen entscheiden. Die jeweils geeignetsten Populationen in den einzelnen Ebenen nehmen die Innovationen, d.h. die Anregungen, von oben zuerst auf, setzen sie um und geben sie, indem sie ein Beispiel abgeben, an andere Populationen derselben Ebene weiter (Diffusion; vgl. Kap. 2.3.3.1). Dabei können neue Populationen entstehen. Ökonomische Organisate haben sich durch Übernahme anderer und durch geschickte Marktpolitik zu Weltkonzernen mit globalem Einfluß hocharbeiten können. Solche Populationen dagegen, die die Neuerungen nicht aufnehmen können, fallen in der Entwicklung zurück und müssen eventuell aufgeben (z.B. Organisate oder Gemeinden, auch kleine Kulturen und Völker, die strukturell zurücksinken). So erneuert sich im Verlaufe des vertikalen Reaktionsprozesses (von unten nach oben) sukzessive das ganze hierarchische System. Selektionsdruck (im Induktionsprozeß) und Anpassung (im Reaktionsprozeß) sind eng miteinander verbunden.

Die für das menschliche Leben auf der Erde benötigten Materialien (Lebensmittel, Brennstoffe, Kleidung etc.) werden direkt und indirekt (z.B. chemisch verwandelt) dem Ökosystem, der Gesteinskruste oder den Gewässern der Erde entnommen. Die Nahrungsmittel werden von bäuerlichen Betrieben auf ganz unterschiedlichen Böden und in ganz unterschiedlichen Klimazonen gewonnen, Geräte werden aus Material hergestellt, das nur an bestimmten Stellen auf der Erdoberfläche zugänglich ist. Die Rohstoffe werden an anderen Orten zu Produkten umgewandelt. Hinzu kommen Dienstleistungen der verschiedensten Art, die vor allem in den Städten angeboten werden. Dies bringt mehr Austausch mit sich, sachlich und räumlich. Zunächst bildete sich - begünstigt durch die Kolonialisierung seitens der Europäer - mit dem wachsenden Welthandel bis in die 1. Hälfte dieses Jahrhunderts ein System von

"Thünenschen Ringen" (vgl. Kap. 2.2.3) heraus, mit Europa, und hier speziell mit dem Raum zwischen London - Pariser Becken - Niederrhein, als dem intensiv genutzten Zentrum auf der einen, und der extensiv, u.a. als Weide und als Weizenanbaugebiete genutzten Außenzone auf der Südhalbkugel und in den Grenzgebieten zu den Trockenräumen auf der anderen Seite. Damit gelangten die zahlreichen Prozesse, die von den Populationen getragen werden, ihrerseits in ein Geflecht von Relationen und Abhängigkeiten, das den Produktenfluß regelte.

Der heutige globale Handel verbindet die einzelnen Produktionsgebiete miteinander und vermittelt zwischen den Produzenten und Konsumenten auf der ganzen Erde. So gibt es Netzwerke von politischen Verträgen, Handelsbeziehungen, Kapitalflüssen und Kaufmannsverbindungen, Volkswirtschaften und ökonomischen Weltorganisationen.[93] Die sog. Globalisierung baut auf der gewachsenen Populationsstruktur auf. Die Ökumene wird so zu einer Einheit, die von den Organisaten der Menschheit wirtschaftlich vereinnahmt wird. Insbesondere ist nunmehr der Gegensatz Industrie- und Entwicklungsländer zu erkennen, wobei die Industrieländer mit weitgehend differenzierter Infra- und Produktionsstruktur den Motor der Weltwirtschaft mit einem hohen Anteil von Dienstleistungen aller Art darstellen. Hier haben sich zahlreiche Zwischenpopulationen und -märkte herausdifferenziert. Eine enges Geflecht von Hilfssystemen - Organisationen, Vereinen, Kommissionen etc. - kommt den Bedürfnissen der Wirtschaft und Bevölkerung entgegen. Sie sind nach sachlichen Kriterien entstanden und regeln die Aufgaben und Prozesse auf überschaubarer Ebene. Gerade diese sachliche Differenzierung macht unsere Realität so komplex, dokumentiert aber auf der anderen Seite ein genaues Aufeinanderangewiesensein der Akteure und Populationen. Die Anregungen und Resultate dieser örtlichen und überörtlichen Bemühungen sind paßgenau in den Informations- und Energiefluß eingeordnet, erfüllen spezifische Wünsche, so daß die großen Entwicklungen möglichst reibungslos vonstatten gehen können.

Für jeden erkennbar sind die großen Hierarchien, die als Hilfskonstrukte die Verwaltung vereinfachen sollen, z.B. in der Bundesrepublik die vertikale Aufgliederung in Staat - Länder - Regierungsbezirke - Landkreise und Kreisfreie Städte - Kreisangehörige Gemeinden.[94] In diesen Ebenen gibt es verschiedene Kontrollinstanzen (Parlamente, Justiz, Polizei etc.). So wird jeder Bürger erreicht. Eine zweite Hilfshierarchie, die der Zentralen Orte, ist vor allem im Ökonomischen begründet. In den 30er Jahren konnte sie noch einigermaßen zutreffend mit der Hierarchie der Städte beschrieben werden.[95] Inzwischen haben sich auch hier nach sachlichen Gesichtspunkten weitergehende Differenzierungen vollzogen, mit unterschiedlichen Zentren als Knoten von Netzen.

Die Entwicklungsländer sind dagegen weniger differenziert, wenig erschlossen und ökonomisch einseitig strukturiert. Sie bringen auf den Weltmarkt vor allem Rohstoffe ein. Die sog. Schwellenländer, in der ein Teil der Wirtschaft weltweit verknüpft ist, befinden sich in einem Übergangszustand. Die Infrastruktur weist noch Defizite auf, so daß diese Länder in Teilen noch ganz unerschlossen erscheinen.

Die Grundstruktur der Populationshierarchie hat sich trotz dieser übergreifenden Verflechtungen aber erhalten. Es gibt nach wie vor flächendeckend in den weiter entwickelten Teilen der Ökumene Kulturpopulationen, Staaten, Stadt-Umland-Populationen, Gemeinden und Organisate. Die Prozeßsequenzen erscheinen als Folge der fortschreitenden Differenzierung sachlich stark aufgefächert, aber deshalb vielleicht noch deutlicher. Die Aufgaben müssen ja auch gelöst werden, wenn die Populationen als die eigentlichen Aktivitätszentren bestehen, d.h. lebendig bleiben wollen. Die Populationen versuchen als Nichtgleichgewichtssysteme jeweils, sich auf diese Weise im Konkurrenzkampf auf ihren Ebenen zu behaupten. Die Verzahnungen und Verflechtungen erfolgen in den Einflußbereichen, d.h. strukturell in den Fließgleichgewichtssystemen zwischen den hierarchischen Populationsebenen.

Der alle Populationen integrierende und weiterführende Gesamtprozeß, die Kulturelle Evolution, geht weiter. Sie erscheint durch die Vorgabe ihres Programms als ein gerichteter Prozeß, der die Menschheit als Gesellschaft mit vielen Varianten auf jeder Ebene und in jedem Stadium fortwährend neu formiert und zu immer höherer Komplexität führt.[96] Gesetzlichkeit und Individualität, Notwendigkeit und Zufall bestimmen den Prozeßablauf.

2.5.3.2. Menschheit als Gesellschaft und Menschheit als Art

Die Kulturelle Evolution hat die Menschheit strukturell gespalten. Die Menschheit als Gesellschaft hat sich aus der Menschheit als Art herausgelöst. Das Ergebnis ist, wie gesagt, eine wesentlich effizientere Energiegewinnung in der Ökumene. In der Tat zeigt das außergewöhnliche exponentielle Wachstum der Bevölkerung sowie die durchschnittliche Erhöhung der Lebenserwartung und des Lebensstandards, daß die Menschheit die Ressourcen der Untergeordneten Umwelt zunehmend besser zu nutzen versteht. Ausschlaggebend dafür ist die Differenzierung des Informationsflusses und die Differenzierung in hierarchisch geordnete Populationen. Diese Gliederung der Menschheit als Gesellschaft hat ihren Vorläufer in der Struktur der Menschheit als Art, also der biotischen Population des Homo sapiens. Auch die Menschheit als Art bildete sich in Ansätzen schon früher, z.T. aber auch parallel zur Menschheit als Gesellschaft, als vertikal geordnetes Gebilde heraus, so daß sich auch hier eine Populationshierarchie erkennen läßt. Von diesen "Primärpopulationen" werden heute vor allem die biotischen Belange geordnet oder die Belange, die die Menschen in ihrer Existenz betreffen, im Gegensatz zu den eingeengten Aufgaben der "Sekundärpopulationen" der Menschheit als Gesellschaft.

Die hierarchische Gliederung der Menschheit als Gesellschaft hat so ihr Pendant, d.h. der Hierarchie der "Sekundärpopulationen" der Menschheit als Gesellschaft entspricht eine Hierarchie der "Primärpopulationen" der Menschheit als Art (vgl. Tab. 5). Jeder Mensch ist als sozio-ökonomisches, im Berufsleben direkt oder indirekt engagiertes Wesen Mitglied der Menschheit als Gesellschaft, als biotisches Wesen Mitglied der Menschheit als Art.

Primärpopulationen	Sekundärpopulationen
	Menschheit als Population
Kleine Kulturpopulation	Große Kulturpopulaton
Volk	Staat
Volksgruppe	Stadt-Umland-Population
Gemeinde als Gruppe	Gemeinde als Verwaltungseinheit
Familie	Organisat
Individuum	

Tab. 5: Primär- und Sekundärpopulationen in der Menschheit

Die Kulturelle Evolution ist der Menschheit als Gesellschaft eigen. Der Mensch unterscheidet sich von den anderen Tierarten durch sein relativ vergrößertes und hochdifferenziertes Gehirn.[97] Es ermöglicht es ihm, eine Sprache herauszubilden, in Gruppen strategisch planend vorzugehen, erworbenes Wissen zu akkumulieren, Techniken zu entwickeln, aber auch sich selbst als Lebewesen in der Umwelt zu verstehen und den Sinn des Daseins zu hinterfragen. Diese Fähigkeiten müssen im Hintergrund der Entwicklung gesehen werden. Sie konnten im Verlaufe der Menschheitsgeschichte immer weiter verfeinert werden, so daß sich neben den angeborenen Verhaltensweisen die Menschheit als Gesellschaft als ein eigener, stark vom Bewußtsein geprägter Komplex gebildet hat. So hat sich der Mensch gegenüber den anderen Tierarten auf dieser Erde im "Kampf ums Dasein" als besonders erfolgreich erwiesen.[98]

2.5.3.3. Lebenswelt

Der hierarchische Aufbau der Lebenswelt:

Die Menschheit ist als Teil des globalen Ökosystems in einen vertikalen Informations- und Energiefluß eingebettet. Man muß annehmen, daß sich auch bei den übrigen Arten der Lebenswelt hierarchische Strukturen gebildet haben, freilich nicht so ausdifferenziert wie in der Menschheit. Die Menschheit ist taxonomisch eine Art unter vielen Arten. Schon die Taxonomie der Tierwelt und der Pflanzenwelt vermittelt eine hierarchische Ordnung, doch inwieweit diese eine echte Kontrollfunktion besitzt, ist noch unbekannt. Vielleicht aber läßt sich die Lebenswelt in ihrem Gesamtaufbau als hierarchisches System deuten. Sie stellt sich nach unserer Auffassung als einheitliches Ökosystem dar, das sich - im Gegensatz zu den gemeinhin untersuchten lokalen Ausschnitten - als Ganzes selbst organisiert und behaupten will. Vor diesem Hintergrund werden die Aufgaben in strukturerhaltenden und strukturverändernden Prozessen angegangen, wobei man die konkret definierten Prozeßstadien den Aufgaben in entsprechender Weise wie bei der Menschheit als Gesellschaft (vgl. Kap. 2.5.3.1) zuordnen mag.

Hier ein Versuch:
1. Perzeption (Wahrnehmung der Umwelt): Die Lebenswelt setzt sich von der anorganischen Natur durch spezifische Merkmale ab (Stoffwechsel, Vermehrungsfähigkeit). Die Lebewesen nehmen die Vor- und Nachteile der Umwelt zu ihren eigenen Nutzen wahr. Träger: Die Lebenswelt als Ganzes;
2. Determination (Entscheidung über die Art der Nutzung der Umwelt): Pflanzen- und Tierreich definieren sich durch ihre Position im Energiefluß als Antagonisten (vgl. Kap. 2.6.1). Ihr Eigenleben wird dadurch bestimmt. Träger: Die Reiche;
3. Regulation (Kontrolle der Informations- und Energieflüsse): Die Aufnahme der Nährstoffe sowie die Fortpflanzung wird durch die Zugehörigkeit der Lebewesen zu gewissen Arten spezifiziert; dies erlaubt eine Kontrolle der wichtigsten Lebensvorgänge. Träger: Die Arten;
4. Organisation (Kontakte mit der Untergeordneten Umwelt, Informationsfluß geht in Energiefluß über): Das Lebewesen definiert sich als eigenständiges Gebilde in seiner Umwelt und bringt intern die Lebensvorgänge in eine räumliche Ordnung. Träger: Der Organismus;
5. Dynamisierung (Aufgliederung der Energie aus der untergeordneten Umwelt im System): Der interne Informations- und Energiefluß im Rahmen des Stoffwechsels wird von den Organen bewerkstelligt (vgl. Kap. 2.4.3.3). Träger: Die Organe;[99]
6. Kinetisierung (Umwandlung der Energie in nutzbare Substanzen oder Produkte): Die verschiedenen (Stoffwechsel-)Produkte werden in Arbeitseinheiten für den Körper im arbeitsteiligen Vorgehen auf chemischem Wege hergestellt. Träger: Die Zellen;
7. Stabilisierung (Organische Substanz erhält das Leben): Der Aufbau organischer Substanz und seine Absonderung von der anorganischen Umwelt wird auf molekularer Ebene gesteuert (Hyperzyklen, Genom etc.). Träger: Die organischen Moleküle.

So lassen sich - die Richtigkeit der Zuordnung vorausgesetzt - die 7 hierarchischen, von Nichtgleichgewichtssystemen gebildeten, Stufen oder Ebenen (Lebenswelt als Ganzes - Reich - Art - Organismus - Organ - Zelle - organisches Molekül) bestimmten Aufgaben zuordnen; in den oberen 4 Stufen werden Informationen aufbereitet, in den unteren 4 Stufen energieliefernde Stoffe. In der 4. Stufe (Lebewesen, Organisation) überlappen sich beide Aufgabenfolgen (vgl. Tab. 6).

Hierarchische Einheit	Hypothetische Aufgabe
Lebenswelt	Perzeption
Reich	Determination
Art	Regulation
Organismus	Organisation
Organ	Dynamisierung
Zelle	Kinetisierung
Organisches Molekül	Stabilisierung

Tab. 6: Die Lebenswelt, hypothetische Aufgliederung der Aufgaben auf die hierarchischen Ebenen

Die biotische Evolution:

Die Forschungsbasis der biotischen Evolution hat sich seit der Publikation der Darwinschen Theorie der Entstehung der Arten entscheidend verbreitert. Für Darwin löste die Konkurrenz zwischen eigenständigen, aber ungleichen Individuen im Kampf ums Dasein, unter Anpassung an die Umweltbedingungen, den Selektionsdruck aus, der - über die Generationen betrachtet - die Evolution antrieb. Heute erscheint das Bild - durch neue Erkenntnisse in verschiedenen Zweigen der Biologie und in der Paläontologie - wesentlich differenzierter.

In der Biologie wurden auf verschiedenen Ebenen neue Ergebnisse erzielt.[100] Auf der Molekularebene widmet sich die Forschung der Bedeutung und Wirkungsweise der Gene, denen eine Eigendynamik zuerkannt wird. Andere Untersuchungen lassen auch bei den Zellen eigene Evolutionslinien erkennen, ebenso beim Aufbau der Organismen und bei den Gruppierungen der Individuen. Innerhalb dieser hierarchisch einander zugeordneten Schichten der Lebenswelt vollziehen sich nicht nur eigene Entwicklungen, sondern darüber hinaus besteht auch ein ständiger Informationsaustausch zwischen den Ebenen, der die Evolution zu einen Prozeß werden läßt.

Die Evolution umfaßt die ganze Hierarchie der Lebenswelt, verknüpft durch Netzwerke und systemische Kontrollmechanismen. Es sind Selbstorganisationsprozesse, die der Erhaltung und der Verbesserung der Existenzbedingungen dienen, in Anpassung an die jeweiligen Bedingungen. Es tritt also neben die Konkurrenz im Selektionsprozeß die Kooperation. D.h. die Moleküle, Zellen, Individuen tauschen ihre jeweiligen Informationen - z.B. über die Gunst oder Ungunst der Situation - aus, so daß sie den Stoffwechsel regulieren, vermehrt oder vermindert Energie aufnehmen und abgeben, die Arbeit aufteilen, sich replizieren oder nicht, etc. Ein System verbessert seine "fitness", indem einige Elemente oder Subsysteme auf Kosten anderer bevorzugt werden, wenn es dem Gesamt des Systems dienlich ist. Auf diese Weise kann die Energie aus der anorganischen Umwelt effizienter genutzt werden, zugunsten des gesamten Systems, letztlich des globalen Ökosystems. In diesem Zusammenhang erhält die Komplexität ihren Stellenwert in der Evolution. Tatsächlich hat die Zahl der Zelltypen kontinuierlich zugenommen, was eine immer bessere Ausnutzung des Energieflusses durch Arbeitsteilung bei gleichzeitiger Verminderung der Entropie signalisiert.

Diese Erkenntnisse können die Evolution als Prozeß verständlich werden lassen. Die paläontologische Forschung zeigt aber, daß die Entwicklung nicht geradlinig verlief;[101] vielmehr wurden stetig verlaufende Entwicklungen immer wieder unterbrochen, sowohl von Phasen explosionsartiger Vermehrung neuer Arten als auch von solchen, die durch Massensterben gekennzeichnet sind. Die kambrische "Revolution" brachte eine außerordentliche Zunahme der Artenvielfalt. Seitdem ist die Entwicklung sowohl durch Phasen starker Artenvermehrung als auch durch Phasen gekennzeichnet, in denen viele Arten verschwanden. Gerade diese Massensterben haben in den letzten Jahrzehnten besondere Aufmerksamkeit gefunden. Es werden klimatische Veränderungen angeführt, vor allem solche, die jeweils eine Abkühlung der Atmosphäre zur Folge hatten. Dafür könnten ihrerseits die Einschläge von Meteoriten oder Kometen verantwortlich gewesen sein, aber auch Änderungen in der Strahlungsintensität der Sonne. Andere Autoren meinen, daß die Einengung des marinen Lebensraumes - z.B. durch eine Ausweitung der Eiskalotten der Erde, verbunden mit einem Sinken des Meeresspiegels -, verantwortlich gewesen sei, wobei wiederum eine Klimaverschlechterung im Hintergrund gesehen werden könnte. Die meisten Forscher vermuten mehrere dieser Ursachen.

Besonderes Interesse fanden die Ergebnisse von Untersuchungen, in denen die Menge der ausgestorbenen Arten über die Zeit statistisch ausgewertet wurden, denn sie ergaben eine periodisches Auftreten der Massensterben. In den letzten 250 Millionen Jahren, d.h. seit Beginn des Mesozoikums, erfolgte demnach durchschnittlich alle 26 Millionen Jahre ein Massensterben. Noch ist nicht sicher, ob dieses Bild im Verlaufe der weiteren Forschungen bestätigt oder widerlegt wird. Von dem Ergebnis dieser Prüfungen hängt viel ab, zeugen solche Massensterben doch davon, daß ganze Ökosysteme, daß sich die hierarchisch geordnete Lebenswelt weiter Teile des Globus, vielleicht sogar erdüber, neu orientiert haben. Dabei stellt sich die Frage, ob es sich dabei nicht um "Systemübergänge" handelt, d.h. um Übergänge zwischen den verschiedenen Ebenen der biotischen Organisation und Komplexität, mit der Konsequenz der Entstehung neuer Lebensformen mit grundsätzlich neuen Eigenschaften.[102]

Auch die "Revolutionen" in der Kulturellen Evolution sind oben in diesem Sinne gedeutet worden, gewisse Parallelen sind nicht zu übersehen; wir hatten die Kulturelle Evolution ja als mehrphasige Entwicklung der hierarchisch gestuften Menschheit als Gesellschaft betrachtet, als Prozeß, der der Menschheit durch Erhöhung ihrer Komplexität eine immer bessere Energieausnutzung ihrer Nische in der Lebenswelt erlaubt.[103] Die biotische Evolution erscheint heute als ein Prozeß, der der Lebenswelt durch Erhöhung ihrer Komplexität eine immer bessere Energieausnutzung der Nische in der anorganischen Umwelt erlaubt.[104] Aufstieg, Verharren und Verfall gehören zur normalen Entwicklung von (nicht nur) lebenden Systemen. Daneben mögen Katastrophen in der anorganischen Umwelt eine Rolle spielen, vielleicht sollte aber ihre Bedeutung nicht überschätzt werden.

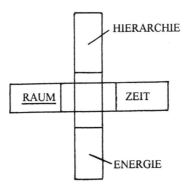

Abb.25: Thema der 6. Komplexitätsstufe: Substanzschaffung mittels der Universalprozesse im Universalsystem (vgl.Abb. 20). Die Prozesse in der systemischen Raum-Dimension werden optimiert.

2.6. Das Universalsystem im Mesokosmos (vgl. Abb. 25)

2.6.1. *Ein Bauernhof in Wörpedorf, ein Teil des Ökosystems*

Der Bauernhof im Ökosystem:

Der Bauernhof unterliegt Zwängen, die außerhalb der eigentlichen Arbeitswelt ihren Ursprung haben. Sie beeinflussen den Betrieb des Organisats und seine Erträge, sie beeinflussen aber auch die Menschen persönlich in ihrer Lebenswelt. Kulturpflanzen und Haustiere bedürfen ständiger Pflege. Sie sind Teil des Ökosystems, die im Laufe der Kulturellen Evolution aus Wildformen gezüchtet, den menschlichen Bedürfnissen angepaßt wurden. Andere Pflanzen und Tiere dagegen sind unerheblich oder behindern die Arbeit der Bauern, werden als Schädlinge (wie Kartoffelkäfer, Getreiderost), Ungeziefer, Unkraut oder Krankheitserreger (wie Schweinepest, Maul- und Klauenseuche) bekämpft, zurückgedrängt oder gar ausgerottet. So erweist sich das Ökosystem als Hülle, die die Existenz des Bauern sichert, wenn er sie in angepaßter Weise für sich zu nutzen weiß, der er aber auch ausgeliefert ist, wenn er sie nicht zu kontrollieren versteht.

Die Erhaltung der Kulturpflanzen und Haustiere sowie deren Nutzung kann vom Bauern gesteuert werden, durch seine Arbeit im Rahmen der Menschheit als Gesellschaft. Dabei nutzt er die Möglichkeiten biotischer Prozesse, die er als solche aber nicht ändern kann. Er mag zwar die Vorgänge im Detail manipulieren, aber negieren kann er sie nicht. Es handelt sich ja um autopoietische Systeme (vgl. Kap. 2.4.3.3). Daß Pflanzen und Tiere geboren werden, wachsen, sich fortpflanzen und sterben, liegt außerhalb der Reichweite des Einflusses der Menschen. Die biotische Welt, also das globale Ökosystem, gehört einer anderen, der höchsten Komplexitätsstufe an.

Bereits früher wurde dargelegt (vgl. Kap. 2.3.1), daß der Bauer Anstrengungen unternimmt - durch Bodenbearbeitung, Düngung, Sortenwahl etc. sowie durch gezielte Fütterung und Aufzucht der Haustiere -, einen Teil des Ökosystems als der Untergeordneten Umwelt zwar nicht in sein System zu integrieren (das wäre auch nicht möglich), wohl aber möglichst weitgehend nach seinen Wünschen auszurichten. Dies ist für ihn in der Tat existentiell wichtig. Die Untergeordnete Umwelt wurde (aus dem Blickwinkel der Fließgleichgewichtssysteme) aber lediglich als energieliefernde Ressource betrachtet. Nun müssen wir genauer hinsehen.

Die Pflanzen im Ökosystem:

Die Pflanzen, die der Bauer einsät (Getreide, Rüben etc.) und als Knollen oder Stecklinge in den Boden einbringt (Kartoffeln etc.), suchen aus den chemischen Substanzen, die der Boden birgt (und vom Bauern zusätzlich durch Dünger angereichert wurden), diejenigen heraus, die für sie passen, um diese im eigenen Stoffwechsel aufzunehmen, umzuwandeln und in Wachstum umzusetzen. Die Pflanzen nehmen dann die gewünschte Gestalt an und liefern dem Bauern die nötigen Erträge. Die so aufgezogenen Pflanzen haben wie alle Pflanzen eine für ihr Leben, ihre Zwecke perfekte Gestalt. Sie beschaffen sich ihre Nährstoffe und das nötige Wasser aus dem Boden mittels z.T. weit verzweigter Wurzelsysteme, führen sie in röhrenförmigen Gefäßzellen die ebenso verzweigten Sprosse empor (Kormophyten). Das Wasser wird von dem durch Verdunstung verursachten Wasserdefizit in den Blättern kapillar angesogen. Zum Teil bereits in den Sprossen, besonders aber in den Blättern findet die chemische Umwandlung der Nährstoffe in organische Aufbaustoffe statt. In den einzelnen Zellen bewirkt das Pigment Chlorophyll, daß das Licht der Sonne absorbiert und in chemische Energie umgewandelt wird. Zusätzlich wird Kohlendioxyd aus der Lufthülle aufgenommen und Sauerstoff an sie wieder abgegeben.[105]

Die Pflanzen sind nicht fähig, ihren Standort zu wechseln.[106] Sie werden durch Fortpflanzungsmechanismen (z.B. Pollenflug) und den Transport der Samen verbreitet. Dabei werden der Wind, das Wasser oder die Tiere als Transportmedien genutzt. Die Pflanzen bilden Populationen (Arealsysteme), schaffen sich ihren Platz in der Nahrungskette, d.h. ihre ökologische Nische, und schaffen sich ihr Habitat.[107] Im Verlaufe der Evolution haben sich die Pflanzen an die Umweltbedingungen immer weiter angepaßt und diesen Prozeß selbst mitgestaltet. Es ist eine große Vielzahl von Arten entstanden (vgl. Kap. 2.5.3.3). Der Bauer nutzt und fördert aus dem reichhaltigen Angebot nur einen kleinen Teil.

Die Tiere im Ökosystem:

Ein Teil der auf dem Bauernhof gewonnenen pflanzlichen Substanz wird (neben hinzugekauftem Kraftfutter ebenfalls meist pflanzlicher Herkunft) an die Tiere - Pferde, Rinder, Schweine, Geflügel - verfüttert. Hier wird also kontrolliert nachvollzogen, was im großen im Ökosystem geschieht. Die autotrophen Pflanzen dienen der Ernährung der heterotrophen Tiere. Die Pflanzen repräsentieren ökologisch die "Produzenten", die Tiere die "Konsumenten".[108] Bei der Nahrungsaufnahme durch die Tiere wird die Zellstruktur, d.h. auch die Gestalt der Pflanzen, zerstört, die organische Substanz wird in den Körper aufgenommen und in eigenen Hohlräumen verdaut, also mechanisch aufgeschlossen, chemisch abgebaut und vom Körper stofflich und energetisch resorbiert. Verschiedene Organe sind daran beteiligt. Hinzu kommt die Atmung: der Sauerstoff der Luft wird für den Stoffwechsel gebraucht, Kohlendioxyd und andere Gase werden der Atmosphäre zugeführt. In Kreislaufsystemen werden die Nährstoffe im Körper an die "zuständigen" Organe gebracht. Die für den Stoffwechsel und den Aufbau organischer Substanz nicht benötigten Substanzen werden ausgeschieden und im Boden (oder im Wasser) abgebaut, zusammen mit der abgestorbenen pflanzlichen und tierischen Substanz von Mikroben zersetzt und dem ökologischen Kreislauf wieder zur Verfügung gestellt.

Die Tiere sind in der Lage, die für sie geeigneten Pflanzen als Nahrung sowie die nötigen Wasserquellen selbst aufzusuchen. Sie sind mit einem Bewegungsapparat ausgestattet, können sich mittels Sinnesorgane im Raum orientieren und mit anderen zusammen sich ihren Lebensraum schaffen.

Auf diese Weise wird in der Biosphäre (aus pflanzlich produzierter organischer Substanz) die Energie geliefert, die eine freie Nutzung des Raumes (durch die Tiere) ermöglicht. Das Ökosystem besteht aus einer großen Zahl ökologischer Nischen, die von Arealsystemen ausgefüllt werden. Die Lebewesen als die Elemente der (Öko-)systeme und) Arealsysteme gestalten und erhalten sich als autopoietische Systeme (vgl. Kap. 2.4.3.3), indem sie sich selbst erzeugen, sie sind ihre eigenen Produkte. Sie sind gleichzeitig die Rohstoffe für andere Lebewesen. Durch spezifische Fortpflanzungsmechanismen erhalten sie ihre Art und ihre Arealsysteme, zudem schaffen sie Nahrung (Energie) für andere Lebewesen und Arealsysteme in ihren ökologischen Nischen. Es haben sich z.T. sehr weit verzweigte und durch Kreisläufe miteinander verknüpfte Nahrungsketten gebildet, so daß es im Detail sehr schwierig ist, die Energieflüsse nachzuvolziehen. Gerade diese komplexe Gestaltung zeigt anschaulich die Bemühungen der Lebenswelt, die ihr zur Verfügung stehende Energie so vollständig wie möglich zu nutzen.

Die anorganische Umwelt:

Die biotischen Prozesse sind ihrerseits von der anorganischen Umwelt umgeben. Sie tritt in doppelter Gestalt auf. Zum einen umgibt sie in Gestalt der Kompartimente Gesteins-, Wasser- und Lufthülle das globale Ökosystem mit seinen Lebewesen, ist also hierarchisch übergeordnet. Die besonderen schwierigen Bodenverhältnisse in Wörpedorf sowie die Gefahren, die vom Wasser und den Witterungsbedingungen ausgehen, wurden bereits angesprochen (vgl. Kap. 2.3.1). Diese Abhängigkeiten von der anorganischen Umwelt gelten selbstverständlich ganz allgemein für alle Lebewesen und Populationen des globalen Ökosystems. Die genannten großen Kompartimente bilden eine Einheit, in der sich die Lebenswelt im Laufe der Evolution entwickelt hat. Die Lebewesen haben sich durch ihre spezifische Formung den Eigenarten der Kompartimente angepaßt. So vermögen sie - und damit die Lebenswelt überhaupt -, besonders effektiv, aus der anorganischen Umwelt die Energie abzuziehen.

Zum anderen liefert die anorganische Umwelt das Material, d.h. die Moleküle, die den Lebewesen als chemisch umzuwandelnde Ausgangsstoffe für die Nahrungskette dienen. Die Welt der Moleküle stellt die der Lebenswelt hierarchisch Untergeordnete Umwelt dar. Die Lebewesen nehmen die Substanz auf, die Ausgangsformen - Gesteine, andere Lebewesen - werden dabei zerstört, um die Nährstoffe aufschließen zu können.

Das Ökosystem des Bodens ist ein höchst komplex strukturiertes Gebilde,[109] in dem Mikrobenpopulationen, Pilze und andere Lebewesen (Larven, Würmer, Maulwürfe etc.) einerseits den organischen Detritus (pflanzliche und tierische Substanzen) in die Bestandteile bis auf die Molekularebene zersetzen, in dem andererseits chemische Substanzen zusammen mit dem (den Niederschlägen oder dem Grundwasser entstammenden) Wasser bei wechselnden Temperaturen den Gesteinsuntergrund aufarbeiten und für die Bodenbildung präparieren. Wasser und Luft sind die für alle Lebensvorgänge unentbehrlichen Substanzen. Fast alle benötigten chemischen Stoffe werden durch Wasser gelöst und so für den Aufbau der organischen Substanz vorbereitet. Der Wasserhaushalt der Organismen wird sorgfältig gesteuert. Wasseraufnahme und -abgabe werden von der Pflanze genau kontrolliert, ebenso wie der Gasaustausch in Anpassung an die Atmosphäre.

Die Lebewesen gestalten aber auch ihren anorganischen Lebensraum mit. In allerdings sehr extremer Weise zeigt sich dies beim Menschen. Nicht zuletzt durch sein Wirken wird nicht nur der Boden (durch Bodenerosion, Desertifikation, Vergiftung etc.), sondern vermutlich auch das Klima der Erde verändert, und es genügen, wie wir gerade in der Gegenwart erleben, nur wenige Grad Temperaturunterschied in der Lufthülle, um das Leben auf der Erde und mit ihm das der Menschen massiv zu beeinträchtigen.[110]

Die Sphären im Makro- und Mikrokosmos:

So lassen sich drei verschiedene Seinsbereiche erkennen, die wir als Sphären bezeichnen wollen. Das globale Ökosystem erscheint in dieser Systematik als Biosphäre. Sie wird einerseits von der Chemosphäre (oder Chemischen Sphäre) mit den großen Kompartimenten (Gesteinshülle, Wasserhülle und Lufthülle) umgeben.[111] Diese Kompartimente spiegeln im wesentlichen die drei Aggregatzustände in dieser Sphäre wider. Andererseits ist die Molekularsphäre zu nennen, die sich aus den Bausteinen der Chemosphäre rekrutiert. Diese 3 Sphären sind deutlich voneinander unterschieden. Sie beeinflussen sich zwar, doch vollziehen sich die Prozesse in ihnen, ohne daß sie sich gegenseitig wesentlich beeinträchtigen.

Werden in den hierarchischen Systemen die Energieflüsse durch Institutionen oder durch vergleichbare Codierungen qualitativ gekennzeichnet und voneinander abgeschirmt (vgl. Kap. 2.5.3.1), so hier auf dem Komplexitätsniveau der Sphären durch ihre substantielle, also stoffliche Konsistenz sowie ihre räumliche Größenordnung. Die Kompartimente der Chemischen Sphäre gehören zum Makrokosmos. Die Molekularsphäre dagegen ist dem Mikrokosmos zuzurechnen. Die Biosphäre vermittelt in ihrer Größenordnung zwischen diesen beiden Sphären und damit zwischen Makro- und Mikrokosmos. Die Pflanzen nehmen aus der Molekularsphäre ihre Rohstoffe (also Energie) auf und verarbeiten sie zu organischer Substanz; um dies optimal, d.h. bei möglichst geringen Verlusten, leisten zu können, geben sie sich (als Teil der gesamten Biosphäre) im Laufe der Evolution (vgl. Kap. 2.5.3.3) eine Form, die dafür besonders geeignet, d.h. den Bedingungen der Chemosphäre gut angepaßt ist. Die Tiere nehmen sich von den Pflanzen ihren Rohstoff und verarbeiten ihn ebenso zu neuer organischer Substanz; dazu geben auch sie sich im Laufe der Evolution eine an die Bedingungen der Chemosphäre angepaßte Form, insbesondere dadurch, daß sie durch ihre Beweglichkeit den Raum dieser Sphäre als Energiequelle frei nutzen.

Vielleicht kann man folgern, daß die Formbildung in der Biosphäre erfolgen kann, weil die Lebewesen Teil des Makrokosmos sind, daß die Substanzbildung dagegen erfolgen kann, weil die Lebewesen auch Teil des Mikrokosmos sind. Anders formuliert: Die Formbildung ermöglicht eine Optimierung des Energieflusses zum Makrokosmos hin, die Substanzbildung vom Mikrokosmos her. In entsprechender Weise könnte man folgern, daß die Molekularsphäre die Substanz, die Chemosphäre die Form, den Raum schaffen. Formbildung kann man als Grenzbildung zwischen Stoff enthaltenden und stofffreien Raum interpretieren, die Materie als gestaltete Substanz. Es sind dies raumbildende Prozesse unter dem Zwang, den Energiefluß zu optimieren.

2.6.2. Komplexionsprozeß

Die vorhergehenden Bemerkungen über den Einbau des Bauernhofes in das Ökosystem zeigen, daß wir uns auf dieser Komplexitätsebene mit der Herausbildung von Substanz und Raum befassen müssen. Hierarchien sind zunächst Strukturen. Sie bestehen aber - wie alle Systeme - auch aus Substanz. Ohne die sie tragenden Populationen und Menschen, ohne die Dauerhaften Anlagen, sind solche Gebilde gar nicht denkbar. Aber auch der Informations- und Energiefluß in den Hierarchien wie auch in den anderen Systemen vollziehen sich mithilfe von Substanzen, seien es Moleküle oder Elektronen, seien es Rohstoffe und Werkstücke oder fertige Produkte. Wenn wir die Zusammenhänge näher verstehen wollen, müssen wir uns, soweit wir dies in diesem Rahmen (d.h. in der Größenordnung des Mesokosmos) können, mit den Informations- und Energieflüssen im Universum befassen. In ihm werden Raum und Substanz geschaffen. Der Komplexionsprozeß beinhaltet also einen Übergang in eine neue Komplexitätsebene.

Die Konzentration von bestimmten Substanzen in einem Raum - Raum geometrisch verstanden - schafft eine qualitative Trennung dieser Substanzen von einer substanzleeren Umgebung oder von anderen Substanzen. Eine Grenze entsteht, sie bewirkt einerseits ein räumliches Beieinander einer Substanz oder einer Gruppe von Substanzen, andererseits eine Trennung dieser Substanzen von anderen. Beides ist Voraussetzung dafür, daß es Informations- und Energieflüsse gibt. Denn nur durch Zusammenfügen entsteht die Möglichkeit einer Weiterleitung, und nur durch Abschirmung werden "Geräusch" bzw. "Dissipation" vermieden. Die räumliche Struktur erhält hierdurch ihre Bedeutung. Im Komplexionsprozeß zeigt sich, wie man sich den Übergang von der hierarchischen zur räumlichen Struktur denken kann.

$$\sum_{i=1}^{i=n} \begin{matrix} 1\,4\,3\,2\,2\,3\,4\,1 \\ 2\,3\,4\,1\,1\,4\,3\,2 \\ 3\,2\,1\,4\,4\,1\,2\,3 \\ 4\,1\,2\,3\,3\,2\,1\,4 \\ 4\,1\,2\,3\,3\,2\,1\,4 \\ 3\,2\,1\,4\,4\,1\,2\,3 \\ 2\,3\,4\,1\,1\,4\,3\,2 \\ 1\,4\,3\,2\,2\,3\,4\,1 \end{matrix}$$

Abb. 26: Schema des Universalprozesses im Bündelungsstadium. Zum Verständnis vgl. Abb.24. Der Universalprozeß beinhaltet n (durch Faltung verstetigte) Hierarchische Prozesse. Es sind die Einzelstadien eines Hierarchischen Prozesses dargestellt, die Ziffern symbolisieren den Prozeßverlauf. Vgl. Text.

Bündelung (vgl. Abb. 26):

Die Menschheit als Gesellschaft ist ein Beispiel einer hochdifferenzierten Hierarchie, deren kooperative Verknüpfungen und kontrollierende Mechanismen sich interpretieren ließen. Um den Anfang zum zum Universalsystem führenden Komplexionsprozeß zu erhalten, nehmen wir an, daß Hierarchien auch ein konstitutives Merkmal der Realität außerhalb der Menschheit als Gesellschaft bilden, nicht nur in der Biosphäre (vgl. Kap. 2.5.3.3), sondern auch in der anorganischen Welt. Wir wissen dies nicht, weil wir keine ausreichenden Detailkenntnisse von dem Weltall außerhalb unserer näheren räumlichen Umwelt besitzen. In unserem Zusammenhang muß die Annahme genügen, daß das Anordnungs-/Befolgungsverhältnis, d.h. das hierarchische Prinzip allgemeingültig ist.

Im 1. Stadium des Komplexionsprozesses müssen wir uns die vermuteten Hierarchien weltweit zusammengeführt denken, denn der Träger des Universalsystems ist das Universum selbst.[112] Diese Bündelung - die man sich natürlich nicht direkt vorstellen kann - bildet die Voraussetzung für den weiteren Verlauf des Komplexionsprozesses.[113]

```
  14322341 | 14322341
  23411432 | 23411432
  32144123 | 32144123
  41233214 | 41233214
  41233214 | 41233214
↑ 32144123 | 32144123
  23411432 | 23411432
  14322341 | 14322341
  ─────────────────────
  14322341 | 14322341
  23411432 | 23411432
  32144123 | 32144123 ↓
  41233214 | 41233214
  41233214 | 41233214
  32144123 | 32144123
  23411432 | 23411432
  14322341 | 14322341
```

Abb. 27: Schema des Universalprozesses im Ausrichtungsstadium. Zum Verständnis vgl. Abb. 26. Die gebündelten Hierarchischen Prozesse werden für den neuen Prozeß sachlich in 4 Gruppen sortiert. Ein neues Koordinatensystem (1. Ordnung) wird eingerichtet. In jedem Quadranten erscheinen für die gebündelten Hierarchischen Prozesse als Prozesse 2. Ordnung eigene Koordinatensysteme. Die Pfeile deuten die Richtung des Prozesses 1. Ordnung an (Verlauf im Uhrzeigersinn). Nur im Koordinatensystem 1. Ordnung sind die Achsen eingetragen. Vgl. Text.

Ausrichtung (vgl. Abb. 27):

Den Regeln des Komplexionsprozesses in diesem Komplexionsstadium folgend konstatieren wir eine - der Menschheit als Gesellschaft vergleichbare - umfassende Hierarchie im Weltall, in der den Systemen jeder Ebene eine Aufgabe für das Ganze zukommt. Es lassen sich vielleicht 2 mal 8 hierarchische Stufen unterscheiden, die jeweils entsprechend der Populationshierarchie der Menschheit als Gesellschaft geordnet sind.

Wir haben bereits begonnen (vgl. Kap. 2.6.1), die Zusammenhänge, soweit wir sie überblicken können, zu erläutern. Der uns vertraute Mesokosmos ist, vertikal gesehen, direkt oberhalb und unterhalb der Abszisse anzunehmen. Im y-positiven Bereich ist der Makrokosmos, im y-negativen Bereich der Mikrokosmos aufgezeichnet. Der Pfeil führt von der obersten Ebene, den Makrokosmos abwärts über die Chemischen Kompartimente zur Lebenswelt, und von dort über die Molekularebene in den Mikrokosmos bis zur von den kleinsten Partikeln gebildeten Ebene. Wenn wir extrapolieren, können wir folgern, daß wir es entsprechend der hierarchischen Abfolge der Aufgabenstadien (Perzeption ... Stabilisierung) in Makro- und Mikrokosmos mit jeweils 8 Ebenen zu tun haben. In jeder Ebene sind horizontal die Prozesse 2. Ordnung eingetragen, sie sind in entsprechender Weise wie die in den Populationsebenen bei der Menschheit als Gesellschaft zu deuten (vgl. Kap. 2.5.2).

a)

1 4 3 2 2 3 4 1	1 4 3 2 2 3 4 1
2 3 4 1 1 4 3 2	2 3 4 1 1 4 3 2
3 2 1 4 4 1 2 3	3 2 1 4 4 1 2 3
4 1 2 3 3 2 1 4	4 1 2 3 3 2 1 4
4 1 2 3 3 2 1 4	4 1 2 3 3 2 1 4
3 2 1 4 4 1 2 3	3 2 1 4 4 1 2 3
2 3 4 1 1 4 3 2	2 3 4 1 1 4 3 2
1 4 3 2 2 3 4 1	1 4 3 2 2 3 4 1
1 4 3 2 2 3 4 1	1 4 3 2 2 3 4 1
2 3 4 1 1 4 3 2	2 3 4 1 1 4 3 2
3 2 1 4 4 1 2 3	3 2 1 4 4 1 2 3
4 1 2 3 3 2 1 4	4 1 2 3 3 2 1 4
4 1 2 3 3 2 1 4	4 1 2 3 3 2 1 4
3 2 1 4 4 1 2 3	3 2 1 4 4 1 2 3
2 3 4 1 1 4 3 2	2 3 4 1 1 4 3 2
1 4 3 2 2 3 4 1	1 4 3 2 2 3 4 1

b)

1 2 3 4 4 3 2 1	1 2 3 4 4 3 2 1
4 3 2 1 1 2 3 4	4 3 2 1 1 2 3 4
3 4 1 2 2 1 4 3	3 4 1 2 2 1 4 3
2 1 4 3 3 4 1 2	2 1 4 3 3 4 1 2
2 1 4 3 3 4 1 2	2 1 4 3 3 4 1 2
3 4 1 2 2 1 4 3	3 4 1 2 2 1 4 3
4 3 2 1 1 2 3 4	4 3 2 1 1 2 3 4
1 2 3 4 4 3 2 1	1 2 3 4 4 3 2 1
1 2 3 4 4 3 2 1	1 2 3 4 4 3 2 1
4 3 2 1 1 2 3 4	4 3 2 1 1 2 3 4
3 4 1 2 2 1 4 3	3 4 1 2 2 1 4 3
2 1 4 3 3 4 1 2	2 1 4 3 3 4 1 2
2 1 4 3 3 4 1 2	2 1 4 3 3 4 1 2
3 4 1 2 2 1 4 3	3 4 1 2 2 1 4 3
4 3 2 1 1 2 3 4	4 3 2 1 1 2 3 4
1 2 3 4 4 3 2 1	1 2 3 4 4 3 2 1

Abb. 28: Schema des Universalprozesses im Verflechtungsstadium. Zum Verständnis vgl. Abb. 27. Die vertikal ausgerichtete Abfolge wird horizontal orientiert. Es wird die Umkehroperation des gesamten Zifferntableaus im Koordinatensystem dargestellt.

Verflechtung (vgl. Abb. 28):

Die vertikale Abfolge der hierarchischen Ebenen in Makro- und Mikrokosmos wird im Zuge des Komplexionsprozesses durch Umkehrung ins Horizontale gebracht. In jedem Quadranten sind jeweils 64 Ziffern, die quadratisch angeordnet sind. Wir können daher das gesamte Zifferntableau des Koordinatensystems zusammen umkehren, d.h. von der Vertikalen in die Horizontale bringen (wie bei Abb. 17). So erhält man eine Sequenz von (zeitlichen) Stadien, in denen Substanzen und Räume gestaltet werden. Die hierarchisch höher stehenden Systeme umgreifen die jeweils tieferstehenden Systeme schalenförmig. Die hierarchischen Ebenen werden nach dieser Überlegung geometrisch zu "Sphären" (vgl. Kap. 2.6.1).

Faltung (vgl. Abb. 29):

Eine horizontale Sequenz von 16 Sphären des Prozesses 1. Ordnung (in Wirklichkeit sind es wegen Überlappung verschiedener Stadien nur 13; vgl. Kap. 2.4.2) ist erkennbar. Der Induktionsprozeß führt von rechts nach links. Ihm folgt der Reaktionsprozeß. Die Faltung vollzieht sich wie bei den anderen Komplexionsprozessen.

Mikrokosmos ←— Makrokosmos

```
1 2 3 4 4 3 2 1    1 2 3 4 4 3 2 1
4 3 2 1 1 2 3 4    4 3 2 1 1 2 3 4
3 4 1 2 2 1 4 3    3 4 1 2 2 1 4 3
2 1 4 3 3 4 1 2    2 1 4 3 3 4 1 2    Induktions-
2 1 4 3 3 4 1 2    2 1 4 3 3 4 1 2    prozeß
3 4 1 2 2 1 4 3    3 4 1 2 2 1 4 3
4 3 2 1 1 2 3 4    4 3 2 1 1 2 3 4
1 2 3 4 4 3 2 1    1 2 3 4 4 3 2 1

1 2 3 4 4 3 2 1    1 2 3 4 4 3 2 1
4 3 2 1 1 2 3 4    4 3 2 1 1 2 3 4
3 4 1 2 2 1 4 3    3 4 1 2 2 1 4 3
2 1 4 3 3 4 1 2    2 1 4 3 3 4 1 2    Reaktions-
2 1 4 3 3 4 1 2    2 1 4 3 3 4 1 2    prozeß
3 4 1 2 2 1 4 3    3 4 1 2 2 1 4 3
4 3 2 1 1 2 3 4    4 3 2 1 1 2 3 4
1 2 3 4 4 3 2 1    1 2 3 4 4 3 2 1
```

Makrokosmos ←— Mikrokosmos

Abb. 29: Schema des Universalprozesses im Faltungsstadium. Zum Verständnis vgl. Abb. 28. Das Koordinatensystem wird aufgelöst, es entsteht das Schema des Universalprozesses. Nun erfolgt die Faltung. Dabei wird der Reaktionsprozeß links neben den Induktionsprozeß gesetzt und dann an einem (gedachten) vertikalen Scharnier hinter den Reaktionsprozeß geklappt. So treten die Sphären hervor. Die Pfeile geben die Richtung des Prozesses 1.Ordnung an (im Induktionsprozeß nach links, im Reaktionsprozeß nach rechts). Vgl Text.
Abkürzungen:
Per = Perzeption, Det = Determination, Reg = Regulation, Org = Organisation, Dyn = Dynamisierung, Kin = Kinetisierung, Sta = Stabilisierung.

Es wird der Reaktionsprozeß zunächst links neben den Induktionsprozeß gesetzt, so daß das Ende des Induktionsprozesses mit dem Anfang des Reaktionsprozesses in Kontakt kommt. Dann muß der Reaktionsprozeß an einer vertikalen Achse hinter den Induktionsprozeß gefaltet werden.

So kommen die einzelnen untereinander liegenden Sphären des Makro- und Mikrokosmos jeweils in umgekehrter Reihenfolge in Kontakt miteinander, d.h. (ökologisch gesehen) Produzenten und Konsumenten in der Biosphäre, Chemosphäre und Molekularsphäre, die Sphäre der Planeten mit der der Ionen, die Sphäre der Planetensysteme mit der der Atome usw., mit anderen Worten: die in der Grössenskala einander gegenüber liegenden Sphären kommen so in strukturellen Kontakt miteinander.

Durch die Faltung werden die Prozesse 2. Ordnung mit je 8 Gliedern zu Kreisprozessen mit je 16 Gliedern verbunden. Der Prozeß 1. Ordnung verläuft nun vom Makrokosmos zum Mikrokosmos, und von diesem wieder zurück zum Makrokosmos. Durch die Bildung dieses umfassendsten Systemtyps, des Universalsystems, dürfte die völlige Beherrschung des Energiehaushalts möglich geworden sein, d.h. daß in diesem System keine Energie verloren geht.

2.6.3. Folgerungen

Im Komplexionsprozeß wurde der strukturelle Übergang von den hierarchischen Ebenen (im Ausrichtungsstadium) in Makro- und Mikrokosmos zu den durch Substanz und Raum definierten (Raum-)Sphären (im Faltungsstadium) dargestellt. Hier nun sollen, wieder aus der Perspektive des Mesokosmos, einige Eigenschaften des Modells ansatzweise vorgeführt werden.

Das Ökosystem ist der sichtbare Ausdruck des räumlichen Miteinanders von Leben in den verschiedensten Formen. Während in den 3 vorhergehenden Komplexitätsstufen (Fließgleichgewichts-, Nichtgleichgewichts- und Hierarchische Systeme) die Träger der Prozesse - Individuen, Populationen, Menschheit als Gesellschaft - als räumlich begrenzbare Gebilde erscheinen, die den materiellen Rahmen für die Prozesse bilden, werden hier die Träger selbst in den Prozeß hineingezogen, wandeln sich mit dem Prozeßablauf, werden aufgegriffen und zerstört, als Substanz für den Aufbau neuen Lebens, neuer Träger, benötigt. Der Energiefluß erfolgt also nicht mehr lediglich mittels aus der Untergeordneten Umwelt gewonnener Substanzen und Produkte, sondern mittels der Träger selbst. Die Lebewesen sind in vollem Umfange autopoietische Systeme (vgl. Kap. 2.4.3.3). Das beinhaltet räumliches Arrangement, räumliches Formen; es wird durch das Leben zur höchsten Vollendung gebracht. Im Erbgut wird die interne Information in genetischer, evolutionärer Hinsicht festgelegt; die Umwelten der Lebewesen im Ökosystem schaffen die externe Möglichkeit, sich in den Informations- und Energiefluß einzuschalten.

Man kann vermuten, daß grundsätzlich dieselben Vorgänge auch für die übrigen Sphären charakteristisch sind. Der Mesokosmos umfaßt die Biosphäre mit einerseits der Übergeordneten Umwelt, die in die großen physisch uns umgebenden Kompartimente der Chemosphäre (Gesteinshülle, Wasserhülle, Lufthülle) hineinragt, und andererseits mit der Untergeordneten Umwelt, die Teile der Molekularsphäre beinhaltet. In beide der Biosphäre benachbarten anorganischen Sphären ist, wie oben geschildert (vgl. Kap. 2.6.1), auch der Mensch über die Lebenswelt hinaus eingedrungen. So nimmt die Biosphäre strukturell eine Mittlerstellung zwischen Makro- und Mikrokosmos ein. Sie erscheint in der Sequenz der Prozesse 1. Ordnung (Induktionsprozeß) am untersten Ende des Makro- und obersten Ende des Mikrokosmos und ist demnach der Träger einerseits des Stabilisierungsstadium und andererseits des Perzeptionsstadiums.

Die Gesteinshülle, die Wasserhülle und die Lufthülle sind im Zusammenwirken jene Systeme, in denen die anorganisch-chemischen Prozesse vonstatten gehen. Hier hat die Chaosforschung ihr Hauptuntersuchungsfeld (vgl. Kap. 2.3.3.4, 2.4.3.4). In diesen Kompartimenten bilden sich ständig Nichtgleichgewichtssysteme neu und vergehen wieder, je nach Konstellation. Diese Systeme sind unbeständig, so daß die Bildung von Substanzen in vielerlei Zusammensetzung ausprobiert und optimiert werden kann. Hier werden im Mikrokosmos die Moleküle geschaffen und umgewandelt, hier herrscht eine nahezu unbegrenzte Vielfalt an Formen und Materialien. Die Umwandlungsprozesse sind von einer derartigen Dominanz und so einzigartig in den Sphären, daß man diese Systeme mit der Umwandlung von Substanz im Makrokosmos bzw. mit substantieller Spezifizierung im Mikrokosmos in Verbindung bringen kann. Das würde in unserem Modell die Kinetisierung im Makrokomos bzw. die Determination im Mikrokosmos bedeuten.

Die nächsten hierarchischen Schritte in den Makrokosmos führen in die Sphären, in denen dauerhafte Nichtgleichgewichtssysteme Energie umwandeln. Der Planet Erde bringt als Vertreter der Sphäre der Planeten als neues Moment die Rotation ein, die intern zu einem Dynamo-Effekt führt,[114] d.h. auf der Mikroebene die Trennung von elektrisch negativ und positiv geladenen Teilchen (Sphäre der Ionen). Zieht man die Position in der Hierarchie mit in Betracht, könnten diese Sphären in der Aufgabensequenz der Dynamisierung bzw. der Regulation zugeordnet werden.

In der Hierarchie aufwärts gelangt man im Makrokosmos in die Sphäre, die durch das Planetensystem repräsentiert wird. Es gliedert sich in das Zentralgestirn (Sonne) sowie den Planeten- und Asteroidengürtel. Die Sonne selbst vereinigt den Hauptanteil der Masse dieses Systems auf sich; hier wird die Konzentration von Substanzen aus dem umgebenden Raum durchgeführt, allgemeiner formuliert, die Trennung von Substanz und Raum. In gleicher Weise schließt, die Hierarchie abwärts in den Mikrokosmos gesehen, die Sphäre der Atome an. Sie steht mit der Sphäre der Planetensysteme - folgen wir weiterhin dieser Modellvorstellung - in direkter Verbindung. Dabei ändern sich die Bildungsbedingungen vom Kern (der Sonne) zum Rand des Planetensystems, so daß (entsprechend dem Periodischen System der Elemente) ganz unterschiedliche Atome geschaffen werden. Vielleicht kann man behaupten, daß der Prozeß der Substanz- und Raumschaffung hier optimiert wird und die eigenartige zentral-periphere Gliederung sowohl des Planetensystems als auch der Atome (nach dem Bohrschen Modell) bestimmt. Dies dürfte der Aufgabe der Organisation in der Prozeßsequenz sowohl des Makro- also auch des Mikrokosmos angemessen sein.

Über die in der Hierarchie weiter vom Mesokosmos entfernten Sphären im Makrobzw. Mikrokosmos sollen hier keine Aussagen getroffen werden. Vielleicht lassen sich aber auch schon so - bei gebotener Vorsicht - einige allgemeinere vorläufige Überlegungen anschließen. Die Nichtgleichgewichtssysteme werden jeweils von den Nichtgleichgewichtssystemen der in der Hierarchie nächsthöheren Sphäre umschlossen und umgreifen selbst die Nichtgleichgewichtssysteme der untergeordneten Sphären. So entsteht ein zwiebelschalenförmig strukturierter Raum.

Die Sphären sind die energetischen Interaktionsräume, mit ihren eigenen Gesetzen. Sie wandeln Energie in Substanzen, Substanzen in Energie um, strukturieren und gestalten sich zur Materie. Die Teile sind untereinander verknüpft, durch für die Sphären spezifische präzisierte Informations- und Energieflüsse. Die Nichtgleichgewichtssysteme in den Sphären des Makrokosmos sind mit den Nichtgleichgewichtssystemen in den korrelaten Sphären des Mikrokosmos durch das Verhältnis System-Element verbunden, so z.B., wie erwähnt, das Planetensystem mit den ihn aufbauenden Atomen.

Nach unserer Kenntnis ist das Leben im Verlaufe der kosmischen Evolution zuletzt entstanden.[115] Folgt man der Skala der Sphären nach außen bzw. nach innen, so drängt sich der Gedanke auf, daß die Differenzierung in Makro- und Mikrokosmos parallel verlief und schließlich in der Formenbildung der Biosphäre ihren Abschluß fand und findet.

3. Rückblick

3.1. Zusammenfassung

Die Darlegungen sollten zeigen, daß sich unsere Realität im Grunde als ein mehrfach verwobenes Geflecht von Prozeßsequenzen darstellen läßt, das aus verschiedenen Systemtypen besteht, die ihererseits durch Träger ihren substantiellen Halt besitzen. Die Systeme sind durch Energieflüsse miteinander verkoppelt. Je nachdem, wie man ein und denselben Gegenstand betrachtet, gelangt man in ganz verschiedene Komplexitätsstufen. Insgesamt lassen sich 6 Stufen erkennen, die vom Einfachen (Solidum) zum Hochkomplexen (Universum) hinaufführen. Sie werden durch spezifische Prozeß- bzw. Systemtypen darstellbar. Mit dem Grad der (Verwobenheit oder) Komplexität wächst die Tendenz zur Eigenbestimmung (Autonomie) und Selbsterhaltung.

Zwischen den Komplexitätsstufen vermitteln Komplexionsprozesse. Sie repräsentieren die Emergenz. Die Komplexionsprozesse vervollständigen das Bild von unserer Realität als einem vielschichtigen und vielstadialen Geflecht von Prozessen.

3.1.1. Komplexität: Die Systemfolge

Die Prozesse bestehen in ihrer Grundform aus 4 Stadien. Sie führen von einem ersten zu einem zweiten Zustand des Systems. Die die einzelnen Komplexitätsstufen repräsentierenden Prozeß- und Systemtypen unterscheiden sich durch den unterschiedlichen Grad an Differenziertheit. Um dies zu verstehen, muß man untersuchen, welche systemische Dimensionen aufgeschlossen werden. Systeme lassen sich nicht mit den üblichen geometrischen Dimensionen beschreiben. Vielmehr ist es erforderlich, die Verknüpfungen der Elemente zugrunde zu legen. So kommt man zu ganz anderen Dimensionen, zu den systemischen. Wir unterscheiden nun die energetische, die zeitliche, die hierarchische und die räumliche Dimension.

Mit jeder Komplexitätsstufe wird eine neue Dimension erschlossen. Um dies überblicken zu können, stellen wir uns ein Diagramm in Form eines Kreuzes vor, in dem vertikal oben die Hierarchie und unten die Energie eingetragen werden, horizontal rechts die Zeit und links der Raum (vgl. Abb. 1, 4, 9, 14, 20, 25). Die Prozesse erhalten so eine Grundorientierung, d.h. vertikal, wenn die energetische oder hierarchische Dimension, horizontal, wenn die zeitliche oder räumliche Dimension betroffen ist. Zu jeder dieser 4 Dimensionen gibt es eine Über- und Untergeordnete (Hierarchische bzw. Energetische) Umwelt bzw. eine Vorhergehende und Nachfolgende (Zeitliche bzw. Räumliche) Umwelt.

Die Strukturen der 1. und die 2. Komplexitätsstufe sind noch nicht komplex, Input und Output sind identisch (Solidum) oder einander proportional (Gleichgewichtssystem). Dennoch lassen wir die Skala der Komplexitätsstufen an der Basis beginnen, beziehen die beiden untersten Stufen mit ein, um eine einheitliche Reihenfolge zu haben. Die 4 übrigen Stufen beinhalten Eigenkontrollmechanismen, Input und Output sind nicht einander proportional, so daß man die zugehörigen Systeme als komplex bezeichnen kann. Um die Unterschiede zwischen den Komplexitätsstufen miteinander vergleichen zu können, sollen die einzelnen Eigenschaften nach einem festen Schema nacheinander behandelt werden:

Systemtypen:

1. Komplexitätsstufe: Solidum (Sol)
2. Komplexitätsstufe: Gleichgewichtssystem (GS)
3. Komplexitätsstufe: Fließgleichgewichtssystem (FGS)
4. Komplexitätsstufe: Nichtgleichgewichtssystem (NGS)
5. Komplexitätsstufe: Hierarchisches System (HS)
6. Komplexitätsstufe: Universalsystem (US)

Dimensionen:

- SOL: Energetische, hierarchische, zeitliche und räumliche Dimension undifferenziert;
- GS: Die raum-zeitliche Dimensionen (als Einheit) ist von der hierarchisch-energetischen Dimension (als Einheit) getrennt, emanzipiert;
- FGS: Die energetische Dimension ist emanzipiert;
- NGS: Die zeitliche Dimension ist emanzipiert;
- HS: Die hierarchische Dimension ist emanzipiert;
- US: Die räumliche Dimension ist emanzipiert.

Prozeßtypen:

- SOL: Einfache Bewegung (Handgriff);
- GS: Bewegungsprojekt (Handlungsprojekt) in Abhängigkeit von der Entfernung zum Initialort (Weitwirkung). Viele Bewegungen werden miteinander verknüpft. Das System bewegt sich in Anpassung an die Übergeordnete Umwelt, die Elemente in Anpassung an die Untergeordnete Umwelt;
- FGS: Fließprozeß. Strukturell betrachtet werden viele Gleichgewichtssysteme miteinander verknüpft. Erhaltend: Nachfrage nach und Angebot an Energie halten sich die Waage. Verändernd: Verstärkte oder verminderte Nachfrage nach Energie (kann die Information über eine Innovation beinhalten) breitet sich von einem Initialort aus (Diffusion) und verändert den Energiefluß. Bei Streß Prozesse am Rande des Chaos (Übergang zum Nichtgleichgewichtssystem);
- NGS: Arbeitsteiliger Prozeß. Es werden viele Fließgleichgewichtssysteme miteinander verknüpft. Im Induktionsprozeß wird der Nachfrage seitens der Über-

geordneten Umwelt entsprochen, im Reaktionsprozeß widmet sich das System sich selbst. Erhaltend: Das Angebot an Energie entspricht der Nachfrage, die Flüsse führen durch die 4 Bindungsebenen. Verändernd: Wenn Angebot und Nachfrage langfristig nicht übereinstimmen, werden Elemente hinzu- bzw. abgezogen;
- HS: Hierarchieprozeß. Viele arbeitsteilige Prozesse werden miteinander verknüpft. Anordnung und Befolgung beinhalten auf allen Ebenen die Durchführung der Prozesse. So bleibt die hierarchische Struktur langfristig erhalten. Auf der anderen Seite verändert sich auch das System ständig, und zwar im Rhythmus des Systems als Ganzem (Evolution);
- US: Universalprozeß. Viele hierarchische Prozesse werden miteinander verknüpft. Die Biosphäre vermittelt zwischen Makro- und Mikrokosmos. Erhaltend: Die die Sphären verknüpfenden Prozesse bedingen die Erhaltung des Universums in seiner Struktur. Verändernd: Kosmische Evolution (nicht näher besprochen).

Träger:

- SOL: Jeder Gegenstand, der bewegt wird und so Energie überträgt. In der bisherigen Erörterung ein bewegter Teil des menschlichen Körpers, z.B. ein Arm;
- GS: Merkmalsgruppen aller Art, die in Bewegungsprojekte verwickelt sind. In der bisherigen Erörterung das Individuum, insoweit es in dem betreffenden Handlungsprojekt engagiert ist (nicht Individuum als solches);
- FGS: Gruppen von Elementen, z.B. involvierte Individuen. In der bisherigen Erörterung nacheinander ein Individuum oder mehrere Individuen in Teilen des Fließprozesses engagiert. Keine Arbeitsteilung im eigentlichen Sinne. Rahmen, in dem Energie übertragen und verteilt werden kann (Dauerhafte Anlagen, z.B. Top);
- NGS: In der obigen Erörterung Population. Mehrere Individuen werden durch Arbeitsteilung miteinander verknüpft; aber auch Organismen, Moleküle oder Galaxien sind Träger von Nichtgleichgewichtssystemen;
- HS: In der obigen Erörterung die Menschheit als Gesellschaft. Darüber hinaus die Lebenswelt etc. Die meisten Hierarchien sind im Sinne der Prozeßsequenz unvollständig;
- US: Das Universum, es ist entsprechend der materiellen Konsistenz in Sphären geordnet.

Gliederung des Prozesses:

- SOL: 4 Glieder zwischen der Übergeordneten und der Untergeordneten Umwelt sowie zwischen der Vorhergehenden und Nachfolgenden Umwelt. Basis der Komplexionsprozesse;
- GS: 4 horizontal angeordnete Glieder (Teilprozesse 1. Ordnung), d.h. Adoption und Produktion (Induktionsprozeß) sowie Rezeption und Reproduktion (Reaktionsprozeß). Im Komplexionsprozeß werden die Teilprozesse 2. Ordnung gefaltet;
- FGS: 4 vertikal angeordnete Bindungsebenen gliedern den Nachfragefluß und den Angebotsfluß (Teilprozesse 1. Ordnung, mit zusammen 8 Gliedern). Im Komple-

xionsprozeß wird der Angebotsfluß hinter den Nachfragefluß gefaltet. Durch Verzögerung des Angebots gegenüber der Nachfrage kommt es zu Schwingungen. Raum-Zeit-Vorgabe horizontal durch Prozesse 2. Ordnung;
- NGS: 8 (durch Überlappung 7) horizontal angeordnete Stadien (Perzeption, Determination, Regulation, Organisation, Dynamisierung, Kinetisierung, Stabilisierung) im Induktionsprozeß, 8 (bzw. 7) Stadien im Reaktionsprozeß (Teilprozesse 1. Ordnung). Im Komplexionsprozeß wird der Reaktionsprozeß hinter den Induktionsprozeß gefaltet. Energiefluß vertikal (Prozesse 2. Ordnung). Die Stadien folgen dem Rhythmus des in der Hierarchie übergeordneten Fließgleichgewichtssystems;
- HS: Auf 8 (durch Überlappung 7) Ebenen vertikal abwärts gerichtete Anordnung des Prozesses 1. Ordnung und entsprechend aufwärts gerichtete Befolgung (erhaltender Prozeß). Die untergeordneten Prozesse arbeiten den übergeordneten zu, die Dauer der Stadien dieser horizontal verlaufenden Prozesse 2. Ordnung auf den einzelnen Ebenen nimmt jeweils um den Faktor zehn von oben nach unten ab;
- US: Makro- und Mikrokosmos umfassen je 8 (durch Überlappung 7), und zusammen, entsprechend der Zahl der Sphären, 16 Stadien (durch Überlappung 13) im Induktionsprozeß, und ebenso im Reaktionsprozeß. Im Zuge des Komplexionsprozesses ist der Reaktionsprozeß hinter den Induktionsprozeß gefaltet (horizontal verlaufender Prozeß 1. Ordnung). In den einzelnen Sphären hierarchische, vertikal verlaufende Prozesse 2. Ordnung. Die mittlere Sphäre ist die Biosphäre, die die Lebensprozesse gestaltet (Stabilisierungsstadium im Makrokosmos, Perzeptionsstadium im Mikrokosmos.

Energieübertragung:

- SOL: Direkte Kraft- oder Stoßübertragung von der Untergeordneten zur Übergeordneten Umwelt;
- GS: Die Elemente bzw. die Einzelbewegungen passen sich im Verlauf des Bewegungsprojekts an, so daß sich die Energieübertragung von der Untergeordneten zur Übergeordneten Umwelt im Verlaufe der Zeit ändert;
- FGS: Differenzierte Übertragung und Verteilung der Energie. Durch Einbringung der Nachfrage im Rahmen von Topen genaue Anpassung an die Untergeordnete Umwelt, die Untergeordnete Umwelt liefert die nachgefragte spezifische Energie;
- NGS: Umwandlung der Energie in Produkte im Induktionsprozeß, Rohstoffe aus der Untergeordneten Umwelt von verschiedenen Topen werden zusammengeführt und in paßgenaue Produkte umgewandelt. Dadurch wird die Energie effektiv übertragen. Im Reaktionsprozeß wandelt sich das System selbst um;
- HS: Verteilung der Energie, z.B. in der Menschheit als Gesellschaft. Durch Handel können die Rohstoffe der ganzen Ökumene (mit ihren verschiedenartigen Ressourcen) und die verschiedenen Produkte (entsprechend den Bedürfnissen) ausgetauscht werden;
- US: Die ganze Untergeordnete Umwelt (Mikrokosmos) wird von der Übergeordneten Umwelt (Makrokosmos) als Energiequelle räumlich umfaßt, wie die

Elemente im System. Dabei sind die je gegenüberliegenden Sphären aufeinander bezogen. Im Mikrokosmos wird die Substanz gestaltet, im Makrokosmos der Raum.

Kontrolle:

- SOL: Die Bewegung des Solidum wird von den Umwelten kontrolliert;
- GS: Raum-zeitliche Nachbarschaft entsprechend der Weitwirkung. Das folgende Stadium des viergliedrigen Hauptprozesses kann nicht beginnen, wenn nicht die zugehörigen Prozesse 2. Ranges absolviert wurden. Das System ordnet sich selbst;
- FGS: Durch die Verknüpfung des Endes des Angebotsflusses mit dem Anfang des Nachfrageflusses (durch Faltung) wird eine Rückkopplung und insofern eine Kontrolle der Flüsse ermöglicht. Das System reguliert sich selbst;
- NGS: Die Verknüpfung des Endes des Induktionsprozesses mit seinem Anfang (durch Faltung) ermöglicht die Kontrolle der Höhe der Produktion für die Übergeordnete Umwelt (Kreisprozeß). Danach richtet sich im Reaktionsprozeß die Systemgestaltung. Durch die arbeitsteilige zeitliche und räumliche Verknüpfung der Energieflüsse wird der Prozeß kontrolliert. Das System organisiert sich selbst;
- HS: Durch hierarchisches Umfassen der Nichtgleichgewichtssysteme mittels Anordnungs-Befolgungs-Verknüpfung kontrolliert sich das hierarchische System nahezu perfekt selbst;
- US: Durch das räumliche Umfassen der untergeordneten Sphären kontrolliert sich das Universalsystem vollständig selbst, es kann wohl keine Energie dissipiert werden.

Daß in den den Komplexitätsstufen zuzuordnenden Systemen die Strukturen der jeweils untergeordneten Komplexitätsstufen inkorporiert sind, läßt sich bei genauerer Betrachtung der die Faltungsstadien repräsentierenden Prozeßdiagramme leicht erkennen. In der Abb. 30 wird dies demonstriert; dargestellt ist das Diagramm des Hierarchischen Systems (als eines vertikal strukturierten Systems) und des Universalsystems (als eines horizontal strukturierten Systems) mit den Strukturen der untergeordneten (vertikal bzw. horizontal orientierten) Prozeßverläufe.

a)

1	4	3	2	2	3	4	1	
2	3	4	1	1	4	3	2	1
3	2	1	4	4	1	2	3	
4	1	2	3	3	2	1	4	3
4	1	2	3	3	2	1	4	
3	2	1	4	4	1	2	3	
2	3	4	1	1	4	3	2	
1	4	3	2	2	3	4	1	5

b)

6								4				2			
1	2	3	4	4	3	2	1	1	2	3	4	4	3	2	1
4	3	2	1	1	2	3	4	4	3	2	1	1	2	3	4
3	4	1	2	2	1	4	3	3	4	1	2	2	1	4	3
2	1	4	3	3	4	1	2	2	1	4	3	3	4	1	2
2	1	4	3	3	4	1	2	2	1	4	3	3	4	1	2
3	4	1	2	2	1	4	3	3	4	1	2	2	1	4	3
4	3	2	1	1	2	3	4	4	3	2	1	1	2	3	4
1	2	3	4	4	3	2	1	1	2	3	4	4	3	2	1

Abb. 30: Verschachtelung der Prozesse:
a) Die Prozesse der 1. und 3. Komplexitätsstufe erscheinen in dem Prozeß der 5. Komplexitätsstufe;
b) Die Prozesse der 2. und 4. Komplexitätsstufe erscheinen in dem Prozeß der 6. Komplexitätsstufe.

3.1.2. Emergenz: Die Komplexionsprozesse

Die einzelnen Komplexitätsstufen werden von je einem Komplexionsprozeß getrennt, oder anders ausgedrückt: Der Übergang von einer zur nächsthöheren Komplexitätsstufe wird von den Komplexionsprozessen durchgeführt. Folgende Operationen beschreiben diesen Übergang:
- Bündelung:
Die Prozesse vieler Elemente (dies sind die Solida oder gefalteten Systeme der nächstniedrigeren Komplexitätsstufe) werden gebündelt, um so zu Komponenten des neuen Prozesses werden zu können. So wird der Umfang festgelegt. Die Prozesse der Elemente setzen sich aus 4 (oder ein Mehrfaches von 4, je nach Komplexitätsstufe) Stadien zusammen und dienen nun, jeder für sich, sachlich dem neuen Prozeß, d.h. demselben Ziel. Die Grundorientierung - vertikal bzw. horizontal - behalten sie in diesem Stadium des Komplexionsprozesses bei. In dem für jeden Prozeß vorgesehenen Koordinatensystem läuft der Prozeß im Uhrzeigersinn (vertikal) oder entgegen dem Uhrzeigersinn (horizontal), der Anfang ist jeweils Quadrant F(+x,+y).
- Ausrichtung:
Diese gebündelten Prozesse werden auf einen umfassenden neuen Prozeß mit 4 (oder eine Mehrfaches von 4) Teilprozessen ausgerichtet. Auf diese Weise wird die Zahl der Prozeßstadien in dieser neuen Komplexitätsstufe gegenüber der alten auf das 4-fache erhöht. Dieser neue Prozeß hat dieselbe Grundorientierung - vertikal bzw. horizontal - wie die einzelnen Prozesse der Elemente als Komponenten. Damit ist der neue Prozeß eine Einheit geworden, ein Prozeß 1. Ordnung. Jeder der Teilprozesse wird zu einem Prozeß 2. Ordnung.
- Verflechtung:
Nun wird der neue Prozeß entsprechend der die betreffende Komplexitätsstufe konstituierenden neuen Dimension verflochten, d.h. die ursprüngliche Grundorientierung - vertikal bzw. horizontal - wird um 90° umgekehrt, und dies mit allen Gliedern. Bei dieser Operation muß die Position der Teilprozesse im Koordinatensystem beachtet werden. Nun verlaufen die neuen Prozesse 1. und 2. Ordnung quer zu denen der nächstniedrigeren bzw. nächsthöheren Komplexitätsstufe, entsprechend der neu zu erschließenden Dimension.
- Faltung:
Im letzten Stadium des Komplexionsprozesses wird die eine Hälfte des Prozesses hinter die andere gefaltet, so daß Anfang und Ende des Prozesses miteinander in Kontakt kommen. Ist der Hauptprozeß vertikal orientiert, so wird (mit Ausnahme der einfachen Bewegung in der 1. Komplexitätsstufe, die die Basis darstellt) die untere Hälfte an einem horizontalen Scharnier hinter die obere geklappt; verläuft er horizontal, so ist die untere Hälfte links neben die obere zu setzen und dann an einem vertikalen Scharnier hinter diese zu falten. Auf diese Weise wird eine Begrenzung und eventuelle Kontrolle möglich, der Gesamtprozeß verstetigt.

3.2. Zum eingangs skizzierten Problem

Nun wollen wir die eingangs aufgeführten Überlegungen wieder ins Gedächtnis rufen und versuchen, sie in den in dieser Abhandlung vorgestellten theoretischen Rahmen zu stellen. Es steht zunächst die Frage an, wie die verschiedenen sachlich einheitlichen und analytisch isolier- und meßbaren Teile des Fließgleichgewichtssystems im Energiefluß, in der Gesellschaft und in der Natur, in sich funktionieren, wie sie miteinander wechselwirken und wie sie sich in einem Fließgleichgewicht halten können. Die Simulation dieser Prozesse wird durch Computer ermöglicht.

In den Naturwissenschaften - einige sozial- und wirtschaftswissenschaftliche Disziplinen klinkten sich hier ein - wurde zudem erkannt, daß unter bestimmten Umständen, besonders unter Streßbedingungen, Fließgleichgewichtssysteme an den Rand des Chaos gelangen können und dabei nicht nur Ganzheiten im vertikalen Energiefluß, sondern auch räumliche Muster bilden, die ansatzweise auf eine (horizontale) Selbstorganisation schließen lassen. Chaosforschung (und Synergetik) entwickelten sich - wie vorher schon die allgemeine Systemforschung - interdisziplinär. Der Begriff Emergenz setzte sich für solche Vorgänge, die etwas Neues erschließen, das sich nicht aus den beteiligten Komponenten erklären läßt, durch. Noch einen Schritt weiter ging die sog. Komplexitätsforschung, indem sie versuchte, die Entstehung von Leben und Gesellschaft, also hochkomplexe Prozesse, zu simulieren.

Daß die z.T. verblüffend erscheinenden Ergebnisse der Chaosforschung soviel Aufmerksamkeit fanden, hat nicht zuletzt darin seinen Grund, daß man die wohlgeordneten und sich selbstorganisierenden Nichtgleichgewichtssysteme zwar kannte (z.B. Organismen als autopoietische Systeme, Zellen, Atome, Gestirne etc.), daß man aber nicht verstand, was sich in ihnen ereignet. Man hoffte, mit den bekannten Simulationsmethoden dem Geheimnis dieser Systeme auf die Spur zu kommen.

Unglücklicherweise wurden die Untersuchungen (notgedrungen) in der Chemosphäre (Luft-, Wasser, Gesteinshülle) vorgenommen, in einem Milieu, in dem Fließ- und Nichtgleichgewichtssysteme innig vermischt sind, in dem Fließ- und Arbeitsteilige Prozesse ständig ineinander übergehen. Dieses Milieu ist für die Untersuchung dauerhafter komplexer Systeme ungeeignet, auch mit dem größtem technischen Aufwand ist es in ihm nicht möglich, echte Selbstorganisationsvorgänge, die zu dauerhaften arbeitsteiligen Strukturen oder Nichtgleichgewichtssystemen führen, zu erzwingen.

Man muß sich vergegenwärtigen, daß jeder Systemtyp mit einer bestimmten systemischen Dimension verbunden ist. Die Prozesse sind demnach systemtypspezifisch. In Fließgleichgewichtssystemen arrangieren sich die Prozesse entsprechend der Energiedimension, in Nichtgleichgewichtssystemen entsprechend der Zeitdimension. Die Zeitdimension erscheint dabei in neuem Licht, sie äußert sich in der Prozeßsequenz, also als qualitativ gegliederter Prozeß.

Die Chaosforschung und die verwandten Zweige der Disziplinen, die sich mit Nichtlinearität, Nichtgleichgewichtssystemen, Komplexität, Emergenz etc. beschäftigen, haben Modelle entwickelt, die die Rolle der Zeit in diesem Kontext nicht ausreichend berücksichtigen. Der Zwang zur zeitlichen Differenzierung des Prozesses, d.h. zum Aufbau einer Prozeßsequenz, kommt in der Natur auch nicht von selbst, gleichsam von unten her; vielmehr müssen sich die Systeme gegen Konkurrenz anderer Systeme behaupten, also in Fließgleichgewichtssystemen (z.B. auf dem Markt). Das setzt eine Positionierung in einer übergeordneten Hierarchie voraus.

Dies sind Überlegungen und Ergebnisse, die von den Naturwissenschaften nicht geleistet werden konnten. Zwar sind auch in der Natur Hierarchien verbreitet - z.B. in der Biosphäre (vgl. Kap. 2.5.3.3), im Makro- und Mikrokosmos (vgl. Kap. 2.6.2) - aber die Bedeutung der Qualität, des Inhaltlichen für die Prozesse konnte dort wohl nicht erkannt werden. Hier bietet die Menschheit als Gesellschaft die nötige Vielfalt an Erscheinungen und damit auch den Anreiz, sie für die Komplexitätsforschung fruchtbar zu machen. Mit unseren theoretischen Überlegungen konnte sicher nur ein erster Anfang gemacht werden, es tut sich ein weites Forschungsfeld auf, daß von den verschiedensten Disziplinen bearbeitet werden könnte.

Wie wir in unserer Abhandlung deutlich zu machen versuchten, müssen die Begriffe Komplexität und Emergenz weiter als bisher gefaßt werden. Es handelt sich nicht nur um Phänomene, die sich auf den Übergang von den Fließgleichgewichts- zu den Nichtgleichgewichtssystemen beziehen, vielmehr müssen wir diese Vorgänge in der ganzen Skala der System- und Prozeßtypen sehen. Auf dieser 6-gliedrigen Skala nehmen die Fließgleichgewichtssysteme und die Nichtgleichgewichtssysteme die 3. bzw. 4. Stufe ein. Allerdings ist der Übergang zwischen diesen beiden Stufen bedeutsam. In den Systemen der 1. - 3. Komplexitätsstufe sind die Elemente qualitativ einheitliche Gebilde, und insofern verlaufen auch die Prozesse im einheitlichen Milieu. Es bedarf nur eines Anstoßes und der Lenkung mittels bestimmter (meist einfacher) Formeln, um sie zu simulieren. Dagegen sind die Prozesse der 4. - 6. Stufe in sich in Stadien gegliedert, die qualitativ Unterschiedliches beinhalten und insofern wesentlich schwieriger zu simulieren sind. Selbstorganisation, wie wir sie verstehen, tritt erst beim Nichtgleichgewichtssystem auf. Hier wird die Energie zu neuen Produkten verarbeitet (im Induktionsprozeß), und aufgrund dieser Vorgabe gestaltet sich das System (im Reaktionsprozeß) selbst. Wenn man die menschliche Gesellschaft simulieren möchte ("Artificial Society"), muß man bedenken, daß diese aus sehr vielen Nichtgleichgewichtssystemen besteht, und zudem eine hierarchische Struktur besitzt.

Die Übergänge zwischen den Komplexitätsniveaus erfolgen also in Stufen, die nicht nur von unten ("from the bottom up") herbeigeführt werden können. Vielmehr sind übergeordnete Mechanismen und Strukturen fundamentaler Art zu berücksichtigen, die der Materiestruktur latent zugrunde liegen. Deren Wurzeln zu finden gilt es. Die Komplexionsprozesse überwinden die Stufen. Die hier skizzierte Prozeßtheorie versucht, neue Perspektiven für unser Verständnis von der Realität der Gesellschaft und der Natur zu eröffnen.

Anmerkungen

1. Aus deterministischem Blickwinkel betrachtete Ostwald die Kultur als Mechanismus zur Umsetzung von Energie:
Ostwald, W. (1909): Die energetischen Grundlagen der Kulturwissenschaft. Leipzig.
2. Einige Autoren stellen umfangreiche Konzepte vor, in denen sie die Gesellschaft und Natur von sich selbst organisierenden Prozessen oder Regulationssystemen gesteuert sehen, so
Adams, Richard N. (1988): The Eighth Day. Social Evolution as the Self-Organization of Energy. Austin (Univ. Texas Press) (diese Arbeit hat mir freundlicherweise Prof. Dr. G. Sandner, Hamburg, zukommen lassen), dann
Böcher, Wolfgang (1996): Selbstorganisation - Verantwortung - Gesellschaft. Von subatomaren Strukturen zu politischen Zukunftsvisionen. Opladen (Westdeutscher Verlag), und
Spier, Fred (1996/98): Big History. Was die Geschichte im Innersten zusammenhält. Darmstadt (Wiss. Buchgesellschaft).
Die Arbeiten bleiben sehr im Allgemeinen, so daß sie hier nicht näher behandelt werden müssen. Die hierarchische Struktur der Gesellschaft und die Eigenart der Populationen werden nicht behandelt.
Auch eine Darstellung der Wirtschaftgeographie zieht zur Erklärung der räumlichen Strukturen Selbstorganisationsprozesse heran:
Ritter, Wigand (1991): Allgemeine Wirtschaftsgeographie. München, Wien (Oldenbourg).
3. Zum Begriff "Mesokosmos":
Vollmer, Gerhard (1985): Was können wir wissen? Band 1: Die Natur der Erkenntnis. Stuttgart (Hirzel). S. 57f.
In der Geographie:
Hambloch, Hermann (1987): Erkenntnistheoretische Probleme in der Geographie. In: Münstersche Geogr. Arbeiten, 27, S. 19-28.
4. Zur etymologischen Herkunft des Begriffes "System":
Benseler-Kaegi: Griechisch-Deutsches Schulwörterbuch. 11. Aufl. Zürich 1900. S. 808.
5. Zur etymologischen Herkunft des Begriffes "Prozeß":
F.H. Heinichen: Lateinisch-Deutsches Wörterbuch. Neubearbeitung. 9. Aufl. Leipzig, Berlin 1917. S. 670.
6. Über den Begriff Passung vgl,
Vollmer, G. (1985), a.a.O., S. 59 f.
7. Zur etymologischen Herkunft des Begriffes "Komplexität":
Benseler-Kaegi (1900), a.a.O., S. 670 bzw.
F.H. Heinichen (1917), a.a.O., S. 158.
8. Zur etymologischen Herkunft des Begriffes "Emergenz":
F.H. Heinichen (1917), a.a.O., S. 272.
9. Erste Überlegungen zum Komplexionsprozeß:
Fliedner, Dietrich (1997): Die komplexe Natur der Gesellschaft. Systeme, Prozesse, Hierarchien. Frankfurt a.M. (Lang). S. 38 f.
10. Brüne, Friedrich, Karl Lilienthal und Fritz Overbeck (1937): Beiträge und Fragmente zu einem Moorkatechismus von Jürgen Christian Findorff. Oldenburg (Stalling). = Schriften der Wirtschaftswissenschaftlichen Gesellschaft zum Studium Niedersachsens e.V., Band 37., a.a.O., S. 19.

11. Zur kausalen Methode aus physisch-geographischer Sicht:
Richthofen, Ferdinand von (1883): Aufgaben und Methoden der heutigen Geographie. = Akademische Antrittsrede, gehalten in der Aula der Universität Leipzig am 27. April 1883. Leipzig.
Aus anthropogeographischer Sicht:
Schlüter, Otto (1906): Ziele der Geographie des Menschen. München, Berlin.
Einen Überblick über die kausale Methode der Geographie vermitteln:
Hettner, Alfred (1927: Die Geographie. Ihre Geschichte, ihr Wesen und ihre Methoden. Breslau.
Plewe, E. (1952/67): Vom Wesen und den Methoden der regionalen Geographie. In: Storkebaum, Werner (Hrsg.)(1967): Zum Gegenstand und zur Methode der Geographie. Darmstadt (Wissenschaftliche Buchgesellschaft). S. 82-110. (Zuerst 1952 publ.)
Den Geographen war bewußt, daß es sich nicht um monokausale Erklärungen handelt: Sölch (1924) betonte: "Vielmehr ergibt sich die Wirkung fast immer aus dem Zusammentreffen mehrerer Ursachen, mehrerer Kräfte, und je nach der Art und dem Verhältnis der Kräfte, das selbst veränderlich ist, kann auch die Wirkung sehr verschieden sein" (S. 25).
Sölch, Johannes (1924): Die Auffassung der natürlichen Grenzen in der wissenschaftlichen Geographie. Innsbruck.
Allgemein formuliert Bunge (1959/87, S. 375): "Strikte und reine Verursachung gibt es nirgendwo und niemals. Ihre Funktionsweise stellt bei bestimmten Prozessen nur eine Näherung dar, mit Grenzen in Raum und Zeit - und auch das nur unter speziellen Gesichtspunkten. Kausale Hypothesen sind nicht mehr, aber auch nicht weniger als vergröberte approximative und einseitig gerichtete Rekonstruktionen von Determination."
Bunge, Mario (1959/87): Kausalität. Geschichte und Probleme. Aus dem Amer. Tübingen (Mohr). Zuerst 1959 publ.
12. Angaben nach:
Lilienthal, Karl (1931): Jürgen Christan Findorffs Erbe. Ein Beitrag zur Darstellung der kolonisatorischen und kulturellen Entwicklung der Moore des alten Herzogtums Bremen. Osterholz-Scharmbeck (Saade).
Hugenberg, Alfred (1891): Innere Kolonisation im Nordwesten Deutschlands. = Abhandl. aus dem Staatswissenschaftlichen Seminar zu Straßburg i.E., Heft VIII. Straßburg.
Eigene Untersuchungen in den Staatsarchiven Hannover und Stade. Vgl.
Fliedner, Dietrich (1970): Die Kulturlandschaft der Hamme-Wümme-Niederung. Gestalt und Entwicklung des Siedlungsraumes nördlich von Bremen. = Göttinger geographische Abhandlungen 55.
13. Die Handlungen als solche sind in vielfältiger Weise und aus verschiedener Perspektive beschrieben worden. Eine übersichtliche Darstellung der unterschiedlichen Ansätze in den Disziplinen vermittelt
Lenk, Hans (Hrsg.)(1977-82): Handlungstheorie interdisziplinär. 4 Bände. München.
Lenk, Hans und Helmut Seiffert (1994): Handlung(stheorie). Stichwort in: Seiffert, Helmut und Gerard Radnitzky: Handlexikon der Wissenschaftstheorie. 2. Aufl. München (DTV). S. 119-127.
Hier wird behauptet, eine Handlung sei nicht eine ontologische Entität, sondern ein interpretatorisches Konstrukt, eine semantisch gedeutete Entität (S. 126). Wir widersprechen dieser Behauptung, die darin begründet sein mag, daß nicht zwischen Handgriff und Handlungsprojekt unterschieden wird.
14. Zur etymologischen Herkunft des Begriffes "Solidum":
F.H. Heinichen (1917), a.a.O., S. 794.

15. Die Morphologie der Kulturlandschaft thematisierte:
Schlüter, Otto (1919): Die Stellung der Geographie des Menschen in der erdkundlichen Wissenschaft. = Geographische Abende im Zentralinstitut für Erziehung und Unterricht, 5. Berlin. S. 18.
16. In die Geomorphologie einführend:
Louis, Herbert (1979): Allgemeine Geomorphologie. 4. Aufl., unter Mitarbeit von Klaus Fischer. Berlin, New York (de Gruyter).
17. Overbeck, Fritz (1950): Moore. 2. Aufl. = 3. Band, 4. Abt. der Geologie und Lagerstätten Niedersachsens. = Schriften der Wirtschaftswissenschaftlichen Gesellschaft zum Studium Niedersachsens e.V., N.F. Bremen-Horn (Dorn).
Woldstedt, Paul (1974): Norddeutschland und angrenzende Gebiete im Eiszeitalter. 3. Aufl. Neu bearb. und hrsg. von Klaus Duphorn. Stuttgart (Koehler). S. 216 f.
18. Die die Kolonisation durchführenden Regierungsbeamten sahen 1751 vor: Jede Parzelle von ca. 50 Morgen, soll aus etwa 9 Morgen Saatland bestehen, 2 Morgen könnten die Hofstätte, der Garten, und der Abwässerungskanal einnehmen, 15 das Gelände für den Torfstich, 24 das Grünland. Hinzu kommt ein Anteil an der gemeinsamen Weide an der Wörpe. 7 Kühe, 30 Schafe und 2 Pferde sollten 126 Fuder Mist für die Düngung geben. Der später die Kolonisation leitende Moorkommissar Findorff stellte ähnliche Berechnungen an. Vgl.
Lilienthal, K. (1931), a.a.O., S. 95;
Brüne, F., K.Lilienthal und F. Overbeck (1937), a.a.O., S. 20.
19. Der Begriff Handlungsprojekt ist mit dem des Arbeitsvorhabens weitgehend gleichzusetzen. So versteht man unter Arbeit eine Tätigkeit, die planmäßig und zielgerichtet vorgenommen wird, um materielle oder geistige Bedürfnisse zu befriedigen. Vgl.
Wachtler, G. (1982): Die gesellschaftliche Organisation von Arbeit. Grundbegriff der gesellschaftstheoretischen Analyse des Arbeitsprozesses. In: Littek, W., K. Rammert und G. Wachtler (Hrsg.): Einführung in die Arbeits- und Industriesoziologie. Frankfurt, New York. S. 14-25.
Es wird auf ein Ziel "hingearbeitet". Hier soll der Begriff Handlungsprojekt vorgezogen werden, um seine Herkunft aus dem Begriff der Handlung klarzustellen.
20. Der Boden besitzt also - gegenüber dem anderen Land - in Nähe des Initialortes für den Bauern einen höheren Wert, wirft eine höhere Rente ab (Lagerente). Damit erinnert diese Einteilung an die landwirtschaftlichen Nutzungszonen, die der mecklenburgische Gutsbesitzer von Thünen - in einer höheren Größenordnung - Anfang des 19. Jahrhunderts herausfand. Er stellte in der Bodennutzung eine Abfolge von Nutzungsarten vom Markt - im allgemeinen die Stadt - zum flachen Land heraus und entwickelte ein Modell, das den Transportaufwand in den Mittelpunkt stellte. Vgl.
Thünen, Johann Heinrich von (1826/1921): Der isolirte Staat in Beziehung auf Landwirtschaft und Nationalökonomie. Herausgeber: H. Wentig. 2. Aufl. Jena.
21. Über die Weitwirkung:
Jessen, Otto (1949/50): Die Fernwirkungen der Alpen. In: Mitteilungen der Geographischen Gesellschaft München, Bd. 35, S. 7-67.
Den hier von O.Jessen eingeführten Begriff "Fernwirkung" verwende ich nicht, da die Physiker darunter eine Wirkung verstehen, die - ohne Berührung oder vermittelndes Medium - von einem Körper auf einen sich in einer gewissen Entfernung befindlichen anderen Körper ausgeübt wird.
Fliedner, Dietrich (1974): Räumliche Wirkungsprinzipien als Regulative strukturverändernder und landschaftsgestaltender Prozesse. In: Geographische Zeitschrift, 62, S. 12-28.

22. Diese Gleichgewichtssysteme werden auch als konservative Systeme bezeichnet. Vgl.
Eigen, Manfred und Ruth Winkler (1975): Das Spiel. Naturgesetze steuern den Zufall. München (Piper), S. 89 f.
23. Zur Hermeneutik vgl.:
Geldsetzer, Lutz und Helmut Seiffert (1992): Hermeneutik. Stichwort in: Seiffert, Helmut und Gerard Radnitzky (Hrsg.): Handlexikon zur Wissenschaftstheorie. München (DTV). Insbes. S. 136.
Gadamer betont: Wenn wir nach einer Erklärung suchen, nehmen wir bereits vorab an, wie sie aussehen könnte, und zwar aufgrund unserer Erfahrung. Die Erfahrung basiert auf dem Verstehen der Überlieferung. "Das Verstehen ist selber nicht so sehr als eine Handlung der Subjektivität zu denken, sondern als Einrücken in ein Überlieferungsgeschehen" (1, S. 295). Die Geisteswissenschaftler haben schon früh die Notwendigkeit erkannt, die Struktur einer Epoche oder eines Kunstwerks auf diese Weise zu analysieren und zu erklären. Doch auch in den Naturwissenschaften ist diese Methode anwendbar. Nicht eine Differenz der Methode liegt vor, sondern eine Differenz der Erkenntnisziele (2, S. 439). Vgl.
Gadamer, Hans-Georg (1960/90): Wahrheit und Methode. Grundzüge einer philosophischen Hermeneutik. 2 Bände. Tübingen (Mohr).
Das Ergebnis der Bemühungen kann ein deterministisches Gesetz sein, oder eine Theorie, die etliche Gesetze in sich vereinigt, und sich in einem Modell anwenden läßt. Beispiele sind das Thünensche Modell (vgl. Kap. 2.2.3) oder das Modell der Zentralen Orte (vgl. Kap. 2.5.3.1).
Die Erfindung einer Theorie ist "eine Sache des Einfalls, der Intuition, des Fingerspitzengefühls, eine Sache des Vorstellungsvermögens und auch der Weltauffassung". Vgl.
Sachsse, Hans (1978): Kausalität - Gesetzlichkeit - Wahrscheinlichkeit: Die Geschichte von Grundkategorien zur Auseinandersetzung des Menschen mit der Welt. Darmstadt (Wissenschaftliche Buchgesellschaft). S. 85 f.
24. Der durch Platzknappheit gegebene höhere Wert einer Fläche wird von Thünen (1826/1921), a.a.O., als Intensitätsrente bezeichnet.
25. Über die Pendelwanderung vgl.:
Schöller, Peter (1956): Die Pendelwanderung als geographisches Problem. In: Berichte zur deutschen Landeskunde, 17,2; S. 254-265.
Über die Wanderungen vgl.:
Fliedner, Dietrich (1962): Zu- und Abwanderung im Bereich einer deutschen Mittelstadt, dargestellt am Beispiel der Stadt Göttingen. In: Neues Archiv für Niedersachsen 11 (16), S. 14-31.
Heutiger Stand der Forschung:
Bähr, Jürgen, Christoph Jentsch und Wolfgang Kuls (1992): Bevölkerungsgeographie. Berlin, New York (de Gruyter). S. 539f.
26. Zum Problem der formalen Beschreibung von Regionen:
Bartels, Dietrich (1968): Zur wissenschaftstheoretischen Grundlegung einer Geographie des Menschen. = Erdkundliches Wissen, H. 19. Wiesbaden (Steiner). S. 74 f., 108 f.
Zu Regionalisierungsverfahren mit verschiedenen Aufsätzen vgl.
Sedlacek, Peter (Hrsg.)(1978): Regionalisierungsverfahren. Darmstadt (Wissenschaftl. Buchgesellschaft).
Zum Problem der Merkmalsgruppen im Rahmen der Gemeindetypisierung vgl.
Schneppe, F. (1970): Gemeindetypisierung auf statistischer Grundlage. Die wichtigsten Verfahren und ihre methodischen Probleme. = Veröffentlichungen der Akademie für Raumforschung und Landesplanung, Beiträge, 5. Hannover.

27. Über die Thünenschen Ringe vgl.:
Thünen, J.H.v. (1826/1921), a.a.O.
In den 20er Jahren wurde auch das weltüber erkennbare System von Anbauringen (mit Europa im Zentrum) untersucht:
Obst, Erich (1926/69): Die Thünensche Intensitätskreise und ihre Bedeutung für die Weltgetreidewirtschaft. In: Wirth, E. (Hrsg.)(1969): Wirtschaftsgeographie. Darmstadt (Wissensch. Buchgesellschaft), S. 159-198. Zuerst 1926 publ.
28. Die innere Gliederung der Städte untersuchten u.a.:
Bobek, Hans (1928): Innsbruck. Eine Gebirgsstadt, ihr Lebensraum und ihre Erscheinung. = Forschgn. z. deutschen Landes- und Volkskunde 25, Heft 3.
Klöpper, Rudolf (1961): Der Stadtkern als Stadtteil, ein methodologischer Versuch zur Abgrenzung und Stufung von Stadtteilen am Beispiel Mainz. In: Berichte zur deutschen Landeskunde 27, S. 150-162.
Kant, Edgar (1962): Zur Frage der inneren Gliederung der Stadt, insbesondere die Abgrenzung des Stadtkerns mit Hilfe der bevölkerungskartographischen Methoden. In: Proceed. of the IGU Symp. in Urban Geography, Lund 1960. S. 329-337, 374-382. Lund.
29. Über zentrale Orte vgl.:
Christaller, Walter (1933/68): Die zentralen Orte in Süddeutschland. Jena 1933. Unveränderter Abdruck 1968. Darmstadt (Wissensch. Buchges.).
Heinritz, Günter (1979): Zentralität und zentrale Orte. Eine Einführung. Stuttgart (Teubner).
30. Die heutige Bodennutzung dient fast ausschließlich der Grünlandwirtschaft.
31. Die Häuser wurden auf moorigen, also nachgebenden Untergrund gebaut. Nach einer Reihe von Jahren waren sie so weit eingesunken, daß sie wieder angehoben werden mußten. Die Dorfbewohner benutzten spezielle Schraubstöcke, mit denen sie angehobe sie in sich recht stabilen Fachwerkhäuser - nachdem sie leer geräumt und die Fußböden entfernt worden waren - hochschraubten. Dann wurde Sand als neues Fundament unter das Haus geschüttet.
32. Schmithüsen führte den Begriff Fliesen ein und definierte sie als "die kleinsten, aufgrund ihrer anorganischen Ausstattung nach der Qualität ihres Wuchspotentials annährend homogenen, konkret begrenzten räumlichen Geländeteile der topographischen Dimension ...". Diese Definition trifft etwa das, was wir unter Top verstehen, wenn wir den Begriff auch auf anthropogen gestaltete Flächen ausdehnen.
Schmithüsen, Josef (1976): Geosynergetik. Berlin, New York (de Gruyter). S. 207.
Über die Begriffe Ökotop und Physiotop aus der Sicht der Landschaftsökologie vgl.:
Leser, Harmut (1976): Landschaftsökologie. Stuttgart (UTB, Ulmer). S. 212 f.
33. Genau genommen: Das Vieh muß mit der gleichen Sorgfalt gepflegt werden wie der Boden. Der Stall ist das Top, die in die Pflege involvierten Arbeitskräfte bilden die Träger des Systems. Das Futter (das seinerseits dem Boden, also der Untergeordneten Umwelt eines Feldes entnommen worden sein mag) wird dem Vieh als der Untergeordneten Umwelt des Stallsystems gegeben. Der Ertrag (Milch, Fleisch etc.) entpricht - methodisch betrachtet - dem Ernteertrag eines Feldes.
34. Bei der Moorbrandwirtschaft wurde die obere Schicht des Torfes abgebrannt. Zunächst wurde die Oberfläche vor dem Winter gelockert, so daß der Torf trocknen konnte. Dann - Ende Mai oder Anfang Juni - zündete man die gelockerte Torfoberfläche an, und in die Asche säte man Körner, vor allem Buchweizen, Moorroggen und Moorhafer. Nach 6 bis 8 Jahren war der Boden erschöpft, er wurde sich selbst überlassen, so daß er sich mit einer Sekundärvegetation überzog. Erst nach ca. 30 Jahren konnte er erneut dem Feldbau zugeführt werden. Findorff, in: Brüne, F., K. Lilienthal und F. Overbeck (1937), a.a.O., S. 23 f.;

Andreae, Bernd (1952): Fruchtfolgen und Fruchtfolgesysteme in Niedersachsen. = Schriften der Wirtschaftsw. Ges. z. St. Niedersachsens e.V., Bd. 42. S. 61 f.
Die Deutsche Hochmoorkultur sieht vor, daß - nach gründlicher Entwässerung - der Boden gekalkt und gedüngt wird. Dann ist Feldbau möglich.

35. Die Bodennutzung in Niedersachsen wurde Anfang der 50er Jahre dieses Jahrhunderts interpretiert von:
Andreae, B. (1952), a.a.O., Karte.

36. Der Torfabbau ist natürlich Raubbau, Nachhaltigkeit ist nicht möglich; die Wiederherstellung des Hochmoores würde Jahrhunderte benötigen. Dadurch jedoch, daß der Bedarf an Torf im letzten Jahrhundert stark abgenommen hat - die Kohle setzte sich durch - ging auch der Torfabbau zurück. Die Bewohner mußten sich vielfach eine neue Basis für ihre Existenz schaffen.

37. Bei kleinen Betrieben wird in den meisten Fällen der Bauer auch die Rolle der Arbeitskräfte übernehmen. Dennoch, im Prinzip, gilt natürlich auch dann das Anordnungs-/Befolgungsverhältnis System-Arbeitskräfte, nur daß die nötigen Anordnungen von derselben Person befolgt werden müssen.

38. In dem Buch
Fliedner, Dietrich (1993): Sozialgeographie. Berlin, New York (de Gruyter)
hatte ich die Fließgleichgewichtssysteme noch Gleichgewichtssysteme genannt. Diese Systeme stehen realiter aber im Energiefluß (wie ich an einzelnen Stellen, z.b. im Register auch vermerkt habe). Die entsprechend meiner heutigen Terminologie als Gleichgewichtssysteme bezeichneten Systeme hatte ich lediglich als Strukturen beschrieben. Seinerzeit hatte ich noch nicht eine durchgängige Systematik der Systemtypen erarbeitet.

39. Die Wahrscheinlichkeitsbestimmung setzt ein Ensemble voraus, d.h. einen Maßraum und Elemente (oder Ereignisse). Vgl.
Sachsse, Hans (1979): Kausalität - Gesetzlichkeit - Wahrscheinlichkeit. Die Geschichte von Grundkategorien zur Auseinandersetzung des Menschen mit der Welt. Darmstadt (Wiss. Buchges.). Zitat auf S. 113:
"Das Allgemeine existiert nicht für sich, sondern es ist die einer Gruppe von Objekten als Gegebenheiten zugrundeliegende Struktur oder Anlage, sozusagen das Rahmengerüst, in dem das Einzelne sich enfalten kann, der Spielraum der Möglichkeiten wie z.B. die sechs Flächen des Würfels, die bei jedem Wurf zur Verfügung stehen."

40. Aus wirtschaftswissenschaftlicher Sicht:
Mensch, Gerhard (1975): Das technologische Patt. Innovationen überwinden Depressionen. Frankfurt a.M. (Umschau).

41. Die Diffusionsprozesse sind ausführlich behandelt worden.
Eine klassische Untersuchung:
Sauer, Carl Ortwin (1952): Agricultural Origins and Dispersals. New York (American Geographical Society).
Sonstige Übersichtsdarstellungen:
Rogers, E.M. (1962/83): Diffusion of Innovations. 3. Aufl. New York, London.
Windhorst, Hans-Wilhelm (1983): Geographische Innovations- und Diffusionsforschung. Darmstadt (Wiss. Buchgesellschaft).

42. Hägerstrand, Torsten (1952): The Propagateion of Innovation Waves. = Lund Studies in Geography, Ser. B, No.4. Lund.

43. In der Populationsbiologie viel verwendetes Modell eines begrenzten exponentiellen Wachstums. Vgl. z.B.
De Sapio, Rodolfo (1978): Calculus for the Life Sciences. San Francisco (Freeman).S. 418f.

Eine probabilistische Ableitung vgl.
Bahrenberg, Gerhard und Ernst Giese (1975): Statistische Methoden in der Geographie. 1. Aufl. Stuttgart (Teubner). S. 85 f.
44. Räuber-Beute-Beziehungen vgl.
Lotka, A. J. (1925/56): Elements of Mathematical Biology. New York. (Zuerst 1925 publ.). S. 88.
45. Uber die Kolonisation der Spanier in New Mexico vgl.:
Fliedner, Dietrich (1975): Die Kolonisierung New Mexicos durch die Spanier. = Arbeiten aus dem Geographischen Institut der Universität des Saarlandes, Bd. 21. Saarbrücken.
46. Fliedner, Dietrich (1981): Society in Space and Time. = Arbeiten aus dem Geographischen Institut der Universität des Saarlandes, Bd. 31. Saarbrücken. S. 79 f.
47. So war mir aufgefallen, daß bei stadteinwärts gerichteten Wanderungs-, Pendler- und Verkehrsbewegungen im Durchschnitt nicht nur die direkte radiale Richtung aufs Zentrum bevorzugt wurde. Vielmehr ließ sich eine latente tangentiale Abweichung nach einer Richtung erkennen. Vgl.
Fliedner, Dietrich (1962): Zyklonale Tendenzen bei Bevölkerungs- und Verkehrsbewegungen in städtischen Bereichen, untersucht am Beispiel der Städte Göttingen, München und Osnabrück. In: Neues Archiv für Niedersachsen 10(15), S. 277 - 294.
48. Zur "allgemeinen Systemtheorie":
Laszlo, Ervin (1972): The Systems View of the World. The Natural Philosophy of New Developments in the Sciences. New York (Braziller).
Sutherland, John W. (1973): A General Systems Philosophy for the Social and Behavioral Sciences. New York (Braziller).
49. Für die Forschungsentwicklung der Ökosystemforschung wichtig:
Bertalanffy, Ludwig von (1950): The Theory of Open Systems in Physics and Biology. In: Science, Vol III, S. 23-29.
Ellenberg, Heinz (Hrsg.) (1973): Ökosystemforschung. Berlin, Heidelberg, etc. (Springer). Darin u.a.
Ellenberg, Heinz: Ziele und Stand der Ökosystemforschung (S. 1 - 31), und vom selben Autor: Die Ökosysteme der Erde (S. 235-262.
Wichtige moderne Überblicksdarstellungen:
Begon, M.E., J.L. Harper und C.R.Townsend (1996/98): Ökologie. Aus dem Englischen (Oxford 1996). 3. Aufl. Heidelberg, Berlin etc. (Spektrum).
Wissel, Christian (1989): Theoretische Ökologie. Berlin, Heidelberg (Springer).
50. Aus ökologischer Sicht vgl. z.B.
Begon, M.E., J.L. Harper, and C.R. Townsend (1998), a.a.O., S. 249 f.
Aus geographischer Sicht vgl.
Klug, Heinz und Robert Lang (1983): Einführung in die Geosystemlehre. Darmstadt (Wiss. Buchges.).
Fränzle, Otto (Hrsg.)(1986): Geoökologische Umweltbewertung. Wissenschaftheoretische und methodische Beiträge zur Analyse und Planung. = Kieler geographische Schriften, 64.
51. Ich wähle das Buch:
Forrester, Jay W. (1968/72): Grundzüge einer Systemtheorie. Aus dem Amerikanischen. Wiesbaden (Gabler).
52. In der Grundstruktur sind (positive und negative) Rückkopplungsschleifen exponentiell.
53. Forrester, Jay W. (1969): Urban Dynamics. Cambridge (Mass.) (MIT Press).
54. Publikation des Berichts des Club of Rome:
Meadows, Dennis und Donella, Erich Zahn und Peter Milling (1972): Die Grenzen des

Wachstums. Bericht des Club of Rome zur Lage der Menschheit. Stuttgart (Deutsche Verlagsanstalt).
55. Über das sog. Sensitivitätsmodell:
Vester, Frederic und Alexander von Hesler (1980): Sensitivitätsmodell. Frankfurt a.M. (Regionale Planungsgemeinschaft Untermain).
56. Ich wähle das Buch:
Giddens, Anthony (1984/88): Die Konstitution der Gesellschaft. Grundzüge einer Theorie der Strukturierung. Aus dem Engl. Frankfurt a.M./New York (Campus).
57. Kontext im Sinne von Giddens umfaßt a) Raum-Zeit-Grenzen von Interaktionssequenzen, b) die Kopräsens von Akteuren, die die Wahrnehmbarkeit der Kommunikationsmittel ermöglicht, und c) die Beobachtung und reflexiven Gebrauch dieser Phänomene, um den Interaktionsstrom zu beeinflussen oder zu kontrollieren (S. 336).
58. Joas, Hans (1988): Eine soziologische Transformation der Praxisphilosophie - Giddens' Theorie der Strukturierung. Einführung zu Giddens, A. (1984/88), a.a.O., S. 9-23. Zitat S. 14.
59. Giddens (1984/87, a.a.O., S. 247) schreibt: "Unter Reproduktionskreisläufen verstehe ich ausreichend klar bestimmte Prozeßverläufe, die eine Rückkopplung zu ihrer Quelle implizieren, wobei es keine Rolle spielt, ob diese Rückkopplung von Handelnden in bestimmten sozialen Positionen reflexiv gesteuert wird".
60. Ich wähle die Abhandlung:
Werlen, Benno (1995-97): Sozialgeographie alltäglicher Regionalisierungen. = Erdkundliches Wissen, H. 116 und 119. Stuttgart (Steiner).
61. Ich wähle die Bücher:
Luhmann, Niklas (1984): Soziale Systeme. Grundriß einer allgemeinen Theorie. Frankfurt a.M. (Suhrkamp).
Luhmann, Niklas (1998): Die Gesellschaft der Gesellschaft. 2 Bände. Frankfurt a.M. (Suhrkamp).
62. Der Begriff Autopoiese wird von Maturana und Varela auf Organismen angewandt. Vgl. Maturana, Humberto R. und Francisco J. Varela (1984/87): Der Baum der Erkenntnis. Die biologischen Wurzeln der menschlichen Erkenntnis. Aus dem Span. Bern, München (Scherz). U.a. S. 55. Vgl. Kap. 2.4.3.
63. Zum Problem der Unterscheidung biotische - gesellschaftliche Evolution schreibt Luhmann (1998, S. 436 f.): "Mithilfe der Systemreferenz 'soziale Systeme' läßt sich auch der Streit zwischen eher demographisch-ökologischen und eher an Kultur orientierten Evolutionstheorien entscheiden. Wer sich für Menschen als lebende Populationen (im Kampf gegen Mücken, Löwen, Bakterien usw.) interessiert, muß demographische Orientierungen wählen. Von der Evolution des Sozialsystems Gesellschaft kann man dagegen nur sprechen, wenn man nicht an ein lebendes, sondern an ein kommunizierendes System denkt, das in jeder seiner Operationen Sinn reproduziert, Wissen voraussetzt, aus eigenem Gedächtnis schöpft, kulturelle Formen benutzt".
64. Klüter versuchte, die Luhmannsche Systemtheorie für die Geographie aufzubereiten, indem er den Raum als Element sozialer Kommunikation einführte. Je nachdem ob es sich um Interaktionssysteme, Organisationssysteme oder um die in Funktionalsysteme gegliederte Gesellschaft handelt, hat der Raum eine unterschiedlich steuernde Funktion. In enger Anlehnung an Luhmann versteht Klüter unter sozialen Systemen solche, die wir als Fließgleichgewichtssysteme bezeichnen würden, die also nicht zur Selbstorganisation befähigt sind.
Klüter, Helmut(1986): Raum als Element sozialer Kommunikation. = Gießener geographische Schriften, H. 60.

65. Eine nahezu unübersehbare Literatur beschäftigt sich mit der Chaosforschung. Hier nur eine kleine Auswahl. Einführend insbesondere:
Davies, Paul (1988): Prinzip Chaos. Die neue Ordnung des Kosmos. Aus dem Engl. München (Bertelsmann).
Mainzer, Klaus (1994): Thinking in Complexity. The Complex Dynamics of Matter, Mind, and Mankind. Berlin, Heidelberg (Springer).
Als Lehrbücher:
Seifritz, Walter (1987): Wachstum, Rückkopplung, und Chaos. Eine Einführung in die Welt der Nichtlinearität und des Chaos. München, Wien (Hanser). S. 41 f.
Haken, Hermann (1977/83): Synergetik. 2. Aufl. Aus dem Amerik. Berlin, Heidelberg (Springer). Zuerst 1977 publ.
Mehrere Sammelbände beleuchten die Aspekte der Chaosforschung, z.B.:
Mainzer, Klaus und Walter Schirmacher (Hrsg.)(1994): Quanten, Chaos und Dämonen. Erkenntnistheoretische Aspekte der modernen Physik. Mannheim, Leipzig etc. (BI, Wissenschaftsverlag).
Küppers, Günter (Hrsg.)(1996): Chaos und Ordnung. Formen der Selbstorganisation in Natur und Gesellschaft. Stuttgart (Reclam).
Nichtlineare Systeme beschrieb aus physikalischer Sicht:
Prigogine, Ilya (1979): Vom Sein zum Werden. Zeit und Komplexität in den Naturwissenschaften. Aus dem Engl. München, Zürich (Piper). S. 150 f.
Prigogine, Ilya und Isabelle Stengers (1981): Dialog mit der Natur. Neue Wege naturwissenschaftlichen Denkens. München (Piper).
Für die Erkenntnis von Musterbildungen vgl. unter anderem:
Mandelbrot, Benoît (1977/83): Die fraktale Geometrie der Natur. Aus dem Engl. Basel (Birkhäuser). Zuerst 1977 publ.
Über die Anwendung der Chaosforschung und Synergetik in den Sozialwissenschaften:
Weidlich, Wolfgang (1994): Das Modellierungskonzept der Synergetik für dynamisch sozioökonomische Prozesse. In: Mainzer, Klaus und Walter Schirrmacher (Hrsg.), a.a.O., S. 255-279.
Ulrich, Hans und Gilbert J.B.Probst (Hrsg.) (1984): Self-Organization and Management of Social Systems. Insights, Promises, Doubts, and Questions. = Springer Series in Synergetics (Ed. H.Haken), Vol. 26. Berlin, Heidelberg etc. (Springer).
Weidlich, Wolfgang und G. Haag (Hrsg.) (1983): Concepts and Models of a Quantitative Sociology. = Springer Series in Synergetics (Ed. H.Haken), Vol. 14. Berlin, Heidelberg etc. (Springer).
Über Emergenz vgl. die Aufsatzsammlung:
Krohn, Wolgang und Günter Küppers (Hrsg.)(1992): Emergenz: Die Entstehung von Ordnung, Organisation und Bedeutung. Frankfurt a.M. (Suhrkamp).
66. Die zitierte Arbeit von Hejl ist in einer Aufsatzsammlung enthalten, die einen interdisziplinär angelegten Überblick über die Komplexitäts- und Emergenzforschung geben:
Krohn, Wolfgang und Günter Küppers (Hrsg.) (1992): Emergenz: Die Entstehung von Ordnung, Organisation und Bedeutung. Frankfurt a.M. (Suhrkamp). Darin u.a.:
Hejl, Peter M.: Selbstorganisation und Emergenz in sozialen Systemen. S. 269-292.
67. Hejl (1992), a.a.O., schreibt: "Es kommt zur einer Wechselwirkung zwischen der Ebene der Komponenten und der Systemorganisation, bei der beide sich verändern. Diese *Wechselwirkung zwischen den Komponenten der Systemorganisation* bezeichne ich als *selbstorganisierend* im engeren Sinne. Systeme, in denen sie auftritt, bezeichne ich dementsprechend als 'selbstorganisierende Systeme'" (S. 285). (Kursiv vom Autor).

68. Über "Künstliches Leben":
Langton, Christopher G., Charles Taylor, Doyne Farmer and Steen Rasmussen (Hrsg.) (1992): Artificial Life II. Santa Fe Institute Studies in the Sciences of Complexity, Proceedings Vol. X. Redwood City, Cal. (Addison-Wesley).
69. Ich wähle das Buch:
Epstein, Joshua M. and Robert Axtell (1996): Growing Artificial Societies. Social Science from the Bottom up. Washington, D.C. (Brooking Inst. Press), Cambridge (Mass.), London (England) (MIT Press).
70. Über zellulare Automaten einführend:
Gerhardt, Martin und Heike Schuster (1995): Das digitale Universum. Zellulare Automaten als Modelle der Natur. Braunschweig, Wiesbaden (Vieweg).
71. Epstein und Axtell formulieren (S.6): "Indeed, the defining feature of an artificial society model is precisely that *fundamental social structures and group behaviors emerge from the interaction of individual agents operating on artificial environments under rules that place only bounded demands on each agent's information and computional capacity.* The shorthand for this is that we "grow" the collective structures "from the bottom up". Und an anderer Stelle (S. 177): "In effect, *we are proposing a generative program for the social sciences and see the artificial society as the principal scientific instrument"*. (Kursiv von den Autoren).
72. Horgan, John: Komplexität in der Krise. In: Spektr. der Wissensch., Sep. 1995, S. 58-64.
73. Nähere Erläuterungen zur Prozeßstruktur in Nichtgleichgewichtssystemen vgl.:
Fliedner, D. (1993), a.a.O., S. 300 f., und
(1997), a.a.O., S. 60 f. Im Anhang mathematisches Modell.
74. Das Prinzip der Arbeitsteilung wurde von mehreren Seiten untersucht. Zuerst:
Smith, Adam (1776/86/63): Eine Untersuchung über das Wesen und den Reichtum der Nation. Berlin. Aus dem Engl., 4. Auflage von 1786.
Aus soziologischer Sicht:
Durkheim, Émile (1986): Über soziale Arbeitsteilung. Studie über die Organisation höherer Gesellschaften. 11. Aufl. Aus dem Franz. Frankfurt am Main (Suhrkamp) 1988.
Dahrendorf, Ralf (1964): Arbeitsteilung. Soziologische Betrachtung. In: Handwörterbuch der Sozialwissenschaften, Bd. 12. Stuttgart, Tübingen etc., S. 512-516.
75. Der Zeitablauf in der Landwirtschaft beschreibt u.a.:
Jensch, G. (1957): Das ländliche Jahr in deutschen Agrarlandschaften. = Abhandl. d. Geograph. Instituts der Freien Universität, Berlin. Bd. 3.
76. Die Aufnahme und Umsetzung einer Innovation in einem Betrieb wurde bereits früher in einzelne Stadien gegliedert, z.B. von Rogers ("Knowledge - Persuasion - Decision - Implementation - Confirmation"). Vgl.
Rogers, E.M. (1962/83): Diffusion of Innovation. 3. Aufl. New York, London. S. 163 f.
Die Gedanken wurden aber kaum weiter verfolgt.
77. Insgesamt 340 hierarchisch und zeitlich geordnete Teilprozesse sind zu berücksichtigen (auf der Basis von 20 Formeln).
78. Über Teleologie und Teleonomie vgl. u.a.:
Stegmüller, Wolfgang (1969): Probleme der Wissenschaftstheorie und Analytischen Philosophie. Bd. 1, Teil 4: Teleologie, Funktionalanalyse und Selbstregulation. Berlin, Heidelberg etc. (Springer). Insbes. S. 526 f., 585 f.
Weingarten, Michael (1993): Organismen - Objekte oder Subjekte der Evolution? Philosophische Studien zum Paradigmenwechsel in der Evolutionsbiologie. Darmstadt (Wiss. Buchgesellschaft). Insbesondere S. 136 f.
Vollmer, Gerhard (1994): Evolutionäre Erkenntnistheorie. 6. Aufl. Stuttgart (Hirzel).

79. Anlage der Siedlung Wörpedorf (nach Lilienthal 1931):
Vor 1747 (S. 24): Allgemeine Überlegungen zur Kultivierung der Moore (Perzeption); Aug. 1747 (S. 24): Beschluß, das Lange Moor (nordwestlich der Wörpe) zu vermessen; Dez. 1749 (S.25): Vermessung beendet. Amtliche Vorgabe, "daß die Anbauten möglichst in einer Linie und nebeneinander zu liegen kommen" (Determination); 1749 (S. 28): Rentkammer setzte sich mit Regierung in Verbindung wegen Verfahren bei Kolonisierung. 1750 (S. 35): Ottersberg wurde Sitz des Hauptamtes der Moorkultur. 1750 (S. 35): Verhandlungen mit den Grenzdörfern auf der Geest, die Berechtigungen im Langen Moor besaßen. Streitigkeiten bis ca. 1760 (S. 37) (Regulation);
Juli 1751 (S. 94): Instruktion zur Besiedlung des Langen Moores: Gründliche Planung zuerst. (S.95) Es wurde dargelegt, wieviel Land jeder Anbauer erhalten sollte, welche Eigenschaften es erfüllt und wie es bebaut werden sollte. (Organisation);
Juli 1751 (S. 94): Anbauer gesucht zum Zweck der Urbarmachung. Aug. 1751 (S. 96): Anbauanwärter wurden ausgesucht. (Dynamisierung);
Herbst 1751 (S. 96 f.): Holz wurde von Anbauern beschafft, Busch und Heidedächer, Ziegel, Heideplaggen für Wände, Holz, Sand, Findlinge, Lehm. Hütten wurden errichtet. Bis Jacobi 1752 (S. 96) mußten Grüppen und Kanal bei der Hofstätte gezogen werden. Der Bau von Schleusen und Schütten wurden von der Herrschaft veranlaßt, von Siedlern gebaut. Juni 1752 (S. 99): Es wurde von blühendem Land berichtet, Bäume wurden gepflanzt, weitere Hütten errichtet. Herbst 1752 (S. 100): In feierlichem Amtsakt wurden Anbaustellen zugewiesen, Meierbriefe überreicht. 1752/53 (S. 101): Neue Schwierigkeiten mit den Bewohnern der Geestdörfer. 1752/53 (S. 103 f.): Hauptdämme wurden errichtet. Anlage des Hauptkanals vor den Hofstätten (Anschluß an Wörpe erst 1769-1774 durchgeführt; solange mußten die Kahnfahrer den Torf über Land zum Fluß bringen (S. 110) (Kinetisierung);
Okt. 1753: Das Land wurde von der Regierungskommission inspiziert.
1755 (S. 113): Alle 51 Stellen besetzt. Seit 1755 (S. 115) wurden in jedem Dorf Bauermeister, Feuer- und Feldgeschworene eingesetzt (Stabilisierung).
80. Einige Daten betr. Bau der Grasberger Kirche:
Nach der Anlage Wörpedorfs (1747-55) war die ca. 6 km entfernte Kirche in Worpswede für die Bauern zuständig. Als das Kurze Moor jenseits der Wörpe besiedelt wurde, ergab sich die Frage nach einer neuen Kirche. 1763/64 war die Wörpebrücke errichtet worden (Lilienthal 1931, S. 110). Als Platz für den Kirchenbau wurde das gegenüberliegende Grasberg vorgesehen, und auch die Gemeinde Wörpedorf wurde dem neuen Kirchspiel zugewiesen. Es lassen sich folgende Ereignisse konstatieren und zu sachlich in sich zusammengehörende Stadien bündeln (Daten nach Lilienthal 1931, a.a.O., S. 204-209):
- Vor 1780: Der Weg zur Kirche in Worpswede wurde von den neuen Bewohnern im Kurzen Moor als zu beschwerlich erachtet: Anregung zum Prozeß des Kirchenbaus (Perzeption).
- 1780 (S. 204): Amt und Moorkommissariat erkannten die Notwendigkeit zum Bau einer neuen Kirche in Grasberg: Entscheidung über den Einstieg in den Prozeß (Determination).
- Dez. 1780: Die Verwaltung in Hannover gab dem Amt Ottersberg den Auftrag, Berechnungen über die zu erwartenden Akzidenzien aus der allgemeinen Besteuerung anzustellen, Wege zur Beseitigung möglicher Zwiste mit den durch die Moordörfer unterstützten Kirchen von Fischerhude, Rhade und Wilstedt anzugeben, Risse und Voranschläge der Kirchen- und Küsteranlage, ihren Standort etc. einzureichen. April 1781 (S. 204): In der Moorkonferenz in Bremervörde wurde diese Angelegenheit besprochen; Herbst 1781 (S. 204): Voranschläge lagen im Rohen zur Beratung in Hannover vor: Festlegung der Schritte des Vorgehens (Regulation).
- März 1782 (S. 206): Kostenvoranschläge, Risse von der Kirche und dem Pfarrhaus, der

Schule und dem Küsterhaus lagen vor, Bericht über die zu erwartenden Akzidenzien, Einpfarrverzeichnisse der Parochialdörfer, Liste des Materialbedarfs und der Handwerkerarbeiten wurden zur Genehmigung nach Hannover geschickt. 1782 (S. 206/07): Wörpedorf u.a. Dörfer wurden vom Kirchspiel Worpswede gelöst. Das zuständige Konsortium einigte sich über die Anschaffung der Orgel, der Glocken, die Inventarien und Dienstländereien, die Einkünfte des Pfarrers und Küsters: Festlegung des Prozeßablaufs im Raum (Organisation). - Febr. 1783 (S. 2o6): Sämtliche Unterlagen wurden an die Majestät in London geschickt; April 1783 (S. 206): Von London kam die Genehmigung; damit stand das Geld zur Verfügung (Dynamisierung).
- 1783, Frühjahr 1784 (S. 208): Arbeiten an der Kirche kamen in Gang; die Dacharbeiten wurden vergeben; Ende 1784 und 1785 (S. 208): Schwierigkeiten und Verzögerungen durch schlechte Witterung und Hochwasser; Dez. 1785 (S. 2o8): Die Bauten waren im wesentlichen fertig: Die Durchführung des Prozesses (Kinetisierung).
- 1786 (S. 209): Der Küster wurde eingestellt; die Orgel wurde bestellt; 1787 (S. 209): Der Prediger wurde berufen; Altar und Glocken wurden in der Kirche angebracht; 1788 (S. 209): Die Orgel war fertig: Der Prozeß war damit abgeschlossen (Stabilisierung).
81. Heute liegt hier der Mittelpunkt der in den 70er Jahren durch die Gebietsreform entstandene Gemeinde Grasberg, zu der auch Wörpedorf gehört. Neben etlichen zentralen Einrichtungen haben sich auch Wohngebiete entwickelt.
82. In den 70er Jahren wurde von Saarbrücker Studenten eine gründliche Kartierung des inneren Bereichs der Stadt Saarbrücken durchgeführt. Die Ergebnisse wurden zuerst publ. in Fliedner, Dietrich (1987): Prozeßsequenzen und Musterbildung. Ein anthropogeographischer Forschungsansatz, dargestellt am Beispiel des Stadt-Umland-Systems. In: Erdkunde 41, S. 106 - 117.
83. Zum Problem der autopoietischen Systeme:
Maturana, Humberto R. (1982): Erkennen: Die Organisation und Verkörperung von Wirklichkeit. Braunschweig, Wiesbaden (Vieweg).
Maturana, Humberto R. und Francisco J. Varela (1984/87), a.a.O. Zitate auf S. 50/51, 56.
Weingarten, Michael (1990), a.a.O. Insbesondere S. 265 f.
Definition des Begriffs Autopoiese von Krohn und Küppers (Hrsg.)(1992), a.a.O., S. 394: "Autopoiese bedeutet mehr als Selbstorganisation. Ein autopoietisches System ist nach Maturana ein Netzwerk der Produktion von Komponenten, die dieses Netzwerk, durch die sie produziert werden, selbst bilden. Dadurch, daß das Netzwerk auch seine eigenen Grenzen selbst erzeugt, konstituiert es sich als eine Einheit in einem phänomenologischen Raum. Autopoietische Systeme sind demnach sowohl selbstherstellend als auch selbstbegrenzend."
84. Die Energieausnutzung der Tiere und Menschen als lebende Systeme mit ihren Organen stellt ausführlich dar:
Müller, Werner A. (1997): Tier- und Humanphysiologie. Ein einführendes Lehrbuch. Berlin, Heidelberg etc. (Springer).
85. Über das Gewebe der Kormophyten gibt Auskunft:
Strasburger. Lehrbuch der Botanik für Hochschulen. 34. Aufl., Bearbeitet von Peter Sitte, Hubert Ziegler, Friedrich Ehrendorfer und Andreas Bresinsky. 34. Aufl. Stuttgart (Fischer) 1998. Insbesondere S. 117 f.
86. Es handelt sich also um eine sog. Nested Hierarchy. Vgl.
Ahl, Valerie and T.F.H. Allen (1996): Hierarchy Theory. A Vision, Vocabulary, and Epistemology. New York (Columbia Univ. Press). Insbes. S. 107 f.
87. Über die Prozeßstadien bei der Kolonisation der Moore bei Bremen vgl.
Fliedner, D. (1993), a.a.O., S. 501-502.

Entsprechende andere Kolonisationen fanden um dieselbe Zeit in Mitteleuropa im Rahmen des aufgeklärten Absolutismus statt.
88. Ausführlichere Darstellung der Hierarchie der Menschheit als Gesellschaft in Fliedner, D. 1993, a.a.O., S. 314 f. und 1997, a.a.O., S. 94 f.
89. Braudel, Fernand (1958/92): Geschichte und Sozialwissenschaften. Die lange Dauer. In: Fernand Braudel (1992): Schriften zur Geschichte 1, S. 49-87. Zuerst 1958 publ.
90. Die Menschheit als Population (d.h. als einem einfachen Nichtgleichgewichtssystem) ist zu unterscheiden von den hierarchischen Systemen Menschheit als Art und Menschheit als Gesellschaft. Vgl. Kap. 2.5.3.2.
91. Die Kulturpopulationen dürften sich dieser Entwicklung einordnen. Wir können dies an der Kulturpopulation Europas verifizieren, deren Anfänge ca. 600 v.Chr. in Griechenland mit der Entwicklung von Wissenschaft und Kunst angesetzt werden können; heute befindet sich die Kulturpopulation - richtige Deutung vorausgesetzt - im Dynamisierungsstadium. Noch eine hierarchische Stufe niedriger ist der Dezennienrhythmus anzusehen; die Neuzeit z.B. läßt sich in diesem Sinne gliedern. Vgl. u.a.
Fliedner, D. (1997), a.a.O., S. 102 f.
92. Childe, V.Gordon (1936/51): Man makes himself. New York, Toronto (Mentor Book).
Über die in mehreren Schüben erfolgte Ausbreitung des Menschen über die Erde mit neueren Ergebnissen vgl.
Tattersall, Ian (1997): Ein neues Modell der Homo-Evolution. In: Spektrum der Wissenschaft, Juni 1997, S. 64-72.
Hrouda, Barthel (Hrsg.)(1991): Der Alte Orient. Geschichte und Kultur des Alten Vorderasien. München (Bertelsmann). Insbes. S. 35 f., 55 f., 187 f.
Müller-Karpe, Hermann (1998): Grundzüge früher Menschheitsgeschichte. Von den Anfängen bis ins. 2. Jh. v.Chr. 5 Bände. Darmstadt (Wiss. Buchges.). Insbes. Bd.1, S. 34 f., 136 f., 152 f., 163 f., 278 f.
93. Über die weltweite Ringstruktur in der Getreidewirtschaft in den 20er Jahren vgl.
Obst, Erich (1926/69), a.a.O.
Über die heutigen Welthandelsverflechtungen vgl.
Ritter, Wigand (1994): Welthandel. Geographische Strukturen und Umbrüche im internationalen Warenaustausch. Darmstadt (Wiss. Buchges.).
Über den Gegensatz Industrie-Entwicklungsländer aus wirtschaftsgeographischer Sicht vgl.
Ritter, Wigand (1991), a.a.O., insbes. S. 318 f.
94. Boesler, Klaus-Achim (1983): Politische Geographie. Stuttgart (Teubner).
Das zentralistisch organisierte Staatswesen Frankreich bietet besonders gutes Anschauungsmaterial für eine straffe Hierarchie. Vgl.
Brücher, Wolfgang (1992): Zentralismus und Raum. Das Beispiel Frankreich. Stuttgart (Teubner).
95. Christaller (1933/68), a.a.O., S. 150 f.
Aufgrund einer breit angelegten Fragebogenaktion:
Kluczka, Georg (1970): Zentrale Orte und zentalörtliche Bereiche mittlerer und höherer Stufe in der Bundesrepublik Deutschland. = Forsch. z. deutschen Landeskde. 194. Bad Godesberg.
96. Wie sich die Populationshierarchie im Prozeßgeschehen durchpaust, schildert z.B.
Dörrenbächer, Peter (1998): Baie James: Institutionalisierung einer indigenen Region. In: Erdkunde 52, S. 301-313.
97. Der Schädelinhalt hat bei den Menschen vom Homo habilis bis zum Homo sapiens um etwa das Doppelte zugenommen. Vgl.

Martin, Robert D. (1998): Hirngröße und menschliche Evolution. In: Spektrum der Wissenschaft, Sep. 1995, S. 48-55.

98. Zum Problembereich Mensch-Erde aus geographischer und anthropologischer Sicht vgl.: Hambloch, Hermann (1983): Kulturgeographische Elemente im Ökosystem Mensch-Erde. Eine Einführung unter anthropologischen Aspekten. Darmstadt (Wiss. Buchges.).

99. Die Funktionen der Organe sind dargestellt in:
Müller, Werner A. (1998), a.a.O.

100. Darwin, Charles (1969/99/1920/88): Über die Entstehung der Arten durch natürliche Zuchtwahl oder die Erhaltung der begünstigten Rassen im Kampf um's Dasein. 1920 nach der engl. Aufl. Von 1889 durchgesehen von J.V. Carus. Hrsg. von G. Müller. Darmstadt (Wiss. Buchges.) 1988.

Die biotische Evolution heute aus biologischer Sicht:
Dawkins ist der Auffassung, daß die Organismen lediglich die Hülle, die Vehikel bilden, die die Replikation der Gene ermöglichen:
Dawkins, Richard (1976/98): Das egoistische Gen. Überarbeitete und erweiterte Neuausgabe. Aus dem Engl. Reinbek bei Hamburg (Rowohlt). (1976 zuerst publ.)
Diskussionsbemerkung hierzu von
Wieser, Wolfgang (1998): Die Erfindung der Individualität, oder: Die zwei Gesichter der Evolution. Heidelberg (Spektrum).
Insbes. S. 507. Außerdem schreibt er auf S. 557:
Das Gen ist demnach nicht allein die treibende Kraft der Evolution. "Das Genom enthält zwar ein Rezept zur Herstellung eines Organismus, doch dessen Leistungen können nur auf der Ebene des Phänotyps verstanden und analysiert werden. ... Nur durch das Zusammenwirken Hunderter oder Tausender von genetischen Einheiten kommt jene Vielfalt struktureller und funktioneller Kompromisse zustande, die es erlauben, den individuellen Organismus als eine Einheit, als Einheit der Selektion, anzusehen."
Wieser betont vor allem den hierarchischen Charakter der Evolution: Schichtenmodell. Er unterscheidet das innere Netz (Molekularebene), das mittlere Netz (Zell- und Organismenebene) und das äußere Netz (mit den Wechselwirkungen zwischen den Organismen wie Konkurrenz, Symbiose, Gruppenkohäsion, soziale Systeme).
Verschiedene Aspekte der Evolution in diesen verschiedenen Ebenen der Hierarchie der Lebenswelt behandelt die Aufsatzsammlung:
Wieser, Wolfgang (Hrsg.)(1994): Die Evolution der Evolutionstheorie. Von Darwin zur DNA. Darmstadt (Wiss. Buchges.), mit Beiträgen u.a. von P. Schuster sowie von U.G. Maurer (Molekularebene), von P. Sitte (Zellebene), von G. Hazprunar (Aufbau des Organismus) und H. Winkler (Verhalten der Tiere).
Über den hierachischen Aspekt der Evolution vgl. auch
Benton, Michael J. (1990): Evolutionsforschung aus der Sicht des Paläontologen. In: Jüdes, U., G. Eulefeld und Th. Kapune (Hrsg.): Evolution der Biosphäre. Stuttgart (Hirzel). S. 9-49. Insbes. S. 46 f.
Sowie:
Köhler, J.Michael (1998): Evolution in Hierarchien. In:
Selbstorganisation, Jahrbuch für Komplexität in den Natur-, Sozial- und Geisteswissenschaften. Bd. 8, 1997: Evolution und Irreversibilität. Hrsg.: H.-J. Krug und L. Pohlmann. Berlin. S. 174-183.
Über die effiziente Nutzung der Energie in den Schichten der Lebenswelt vgl.
Wieser, W. (1998), a.a.O., S. 219 f.,
Über Komplexität und Evolution vgl. S. 318 f. und 338 f.

101. Die biotische Evolution aus paläontologischer Sicht:
Wie kommt es zu den großen Sprüngen in der Artenentwicklung in der Evolution?
Vor allem klimatische Gründe zieht heran:
Stanley, Steven M. (1989): Krisen der Evolution. Artensterben in der Erdgeschichte. Heidelberg (Spektrum).
Eine Darstellung der Bedeutung der Meteoriteneinschläge gibt:
Vaas, Rüdiger (1995): Der Tod kam aus dem All. Meteoriteneinschläge, Erdbahnkreuzer und der Untergang der Dinosaurier. Stuttgart (Frankh-Kosmos).
Einen Überblick über die verschiedenen Ursachen gibt:
Eldredge, Niles (1994): Wendezeiten des Lebens. Katastrophen in Erdgeschichte und Evolution. Heidelberg (Spektrum).
Über die Ursachen des Artensterbens am Ende des Perms unterrichtet:
Erwin, Douglas H. (1996): Das größte Massensterben der Erdgeschichte. In: Spektrum der Wissenschaft Sep. 1996, S. 72-79. Insbes. S. 77 f.
Über Perioden in der Evolution (gemessen an Massensterben) berichtet:
Raup, David M. (1991): Extinction. Bad Genesis or Bad Luck? New York, London (Norton). Insbes. S. 64 f.
102. Über die Systemübergänge in der Evolution vgl.
Wieser, W. (1998), a.a.O., S. 506 f.
103. Gould glaubte, daß biotische und kulturelle Evolution nicht miteinander verglichen werden könnten:
Gould, Stephen Jay (1998): Illusion Fortschritt. Die vielfältigen Wege der Evolution. Frankfurt a.M. (Fischer).
Ich meine, wenn man die zunehmende Komplexität - nicht nur als Diversität, sondern auch qualitativ verstanden (Arbeitsteilung) - und die wachsende Effizienz in der Energiebehandlung berücksichtigt, ist ein Vergleich durchaus sinnvoll.
104. Ob der Abfall an Komplexität, das sich im gegenwärtigen Massensterben dokumentiert, durch die Zunahme an Komplexität im Zuge der Kulturellen Evolution wettgemacht wird, läßt sich noch nicht abschätzen.
105. Zur Physiologie des Stoff- und Energiewechsels in Pflanzen vgl.
Strasburger, Lehrbuch der Botanik für Hochschulen. (1998), a.a.O., insbes. S. 218 f.
106. Flagellaten gelten als Übergangsformen zwischen Pflanzen- und Tierwelt.
107. Über Arealsysteme aus ökologischer Sicht:
Müller, Paul (1980): Arealsysteme und Biogeographie. Stuttgart.
Begon, M.E., J.L. Harper und C.R. Townsend (1998), a.a.O., S. 585 f.
Über Arealsysteme aus tiergeographischer Sicht:
Müller, Paul (1977): Tiergeographie. Struktur, Funktion, Geschichte und Indikatorenbedeutung von Arealen. Stuttgart (Teubner).
108. Ellenberg, H. (Hrsg.)(1973), a.a.O., S. 3 f.
109. Der Boden als Ökosystem; vgl.
Scheffer, Fritz (1992): Lehrbuch der Bodenkunde. 13. Aufl. Bearbeitet von P. Schachtschabel, unter Mitarbeit von W.R. Fischer. Stuttgart (Enke).
Begon, M.E., J.L. Harper, und C.R. Townsend (1998), a.a.O., S. 68 f.
110. Über die Bodenzerstörung vgl. u.a.:
Richter, Gerold (Hrsg.)(1998): Bodenerosion. Analyse und Bilanz eines Umweltproblems. Darmstadt (Wiss. Buchges.).
Mensching, Horst (1990): Desertifikation. Ein weltweites Problem der ökologischen Verwüstung in den Trockengebieten der Erde. Darmstadt (Wiss. Buchges.).

111. Die entsprechenden Begriffe Litho-, Hydro- und Atmosphäre sind also nicht Sphären in unserem Sinne, sondern Teilsphären.

112. Einen Überblick über den Aufbau des Universums gibt:
Krautter, Joachim und Erwin Sedlmayr sowie Karl Schaifers und Gerhard Traving (1994): Meyers Handbuch Weltall. 7. Aufl. Mannheim, Leipzig etc. (Meyers Lexikonverlag).

113. Es ist noch offen, ob es Leben auf anderen Planeten gibt, zumal wir noch nicht einmal sicher sein können, daß überhaupt Planetensysteme im Weltall existieren, die unserem entsprechen. Nach Presseberichten erlauben neuere Untersuchungen den Schluß, daß es auch außerhalb unseres Sonnensystems Planeten gibt (vgl. Die Zeit Nr. 29 vom 9.Juli 1998 bzw. Der Spiegel Nr. 22 vom 31.5.1999).

114. Die Sonne und die Erde als Erzeuger von Magnetismus und Elektrizität vgl.
Nesme-Ribes, Elizabeth, Sallie L. Baliunas und Dmitry Sokoloff (1996): Magnetismus und die Aktivitätszyklen von Sternen. In: Spektrum der Wissenschaft, Okt. 1996, S. 48-55.
Berckheimer, Hans (1997): Grundlagen der Geophysik. 2. Aufl. Darmstadt (Wiss. Buchges.), S. 147 f.

115. Ich stütze mich auf
Weinberg, Steven (1977/91): Die ersten drei Minuten. Der Ursprung des Universums. München (DTV). (1977 zuerst publ.)
Meurers, Joseph (1984): Kosmologie heute. Eine Einführung in ihre philosophischen und naturwissenschaftlichen Problemkreise. Darmstadt (Wiss. Buchges.)
Silk, Joseph (1996): Die Geschichte des Kosmos. Vom Urknall bis zum Universum. Aus dem Amerik. Heidelberg (Spektrum).
Linde, Andrei (1996): Das selbstreproduzierende inflationäre Universum. In: Spektrum der Wissenschaft, Jan. 1995, S. 32-40.
Rees, Martin (1998): Vor dem Anfang. Eine Geschichte des Universums. Aus dem Engl. Frankfurt a.M. (Fischer).
Über die Entstehung des Lebens vgl.
Eigen, Manfred und Ruth Winkler (1975): Das Spiel. Naturgesetze steuern den Zufall. München, Zürich (Piper). Insbes. S. 259 f.
Rein, Dieter (1992): Die wunderbare Händigkeit der Moleküle. Vom Ursprung des Lebens aus der Asymmetrie der Natur. Basel, Boston (Birkhäuser).

Glossar

Adoption: In Nichtgleichgewichtssystemen das 1. Hauptprozeßstadium, in dem die Anregung (Information) aufgenommen und für die Produktion vorbereitet wird (1. Teil des Induktionsprozesses).
Anregung: Ein Prozeß wird durch Eingabe einer Information (z.B. Nachfrage nach Energie) angeregt (Stimulation).
Arbeitsteilung, Arbeitsteiliger Prozeß: Von Individuen oder Populationen durchgeführte Handlungsprojekte und Fließprozesse werden in Nichtgleichgewichtssystemen, Hierarchischen Systemen und im Universalsystem aufgeteilt und unter sachlichen Gesichtspunkten neu zusammengefügt, so daß eigene, die spezifischen Prozesse effektiver absolvierende Systeme entstehen. Arbeitsteilung bildet die Basis für die Differenzierung u.a. der Menschheit als Gesellschaft.
Atome, Sphäre der: Sphäre im Universalsystem (im Mikrokosmos, von außen betrachtet 4. Sphäre). Vermutete Aufgabe: Organisation.
Aufgabe: Inhaltliche Bestimmung eines Nichtgleichgewichtsystems eines Prozesses oder Prozeßstadiums (Perzeption .... Stabilisierung). In Nichtgleichgewichtssystemen und Systemen höherer Komplexität müssen die Aufgaben erfüllt werden, so im Zuge der Umwandlung von Rohmaterial in Produkte (Induktionsprozeß) sowie zur Erhaltung oder Veränderung des Systems selbst (Reaktionsprozeß).
Aufgabenprozeß: Im Nichtgleichgewichtssystem Prozeß der 2. Bindungsebene, bestehend aus 4 Aufgabenprozeßstadien in jedem Hauptprozeßstadium. Durch Aneinanderreihung können Prozeßsequenzen von 7 (Induktions- oder Reaktionsprozeß) oder 13 (gesamter Prozeß) Stadien bestehen.
Ausrichtung: 2. Stadium im Komplexionsprozeß; in ihm werden die vordem gebündelten Systeme mit ihrer überkommenen Prozeßstruktur einer Aufgabe in der neu zu bildenden Prozeßsequenz des Systems höherer Komplexität zugeführt, d.h. für das neue System ausgerichtet.
Autopoietisches System: System der 6. Komplexitätsstufe. Es reproduziert sich selbst und bildet als Lebewesen die Grundeinheit von Ökosystemen.
Bewegung eines Solidum: Grundeinheit der Energieübertragung (1. Komplexitätsstufe). Nachfrage aus der Übergeordneten Umwelt, Energieangebot aus der Untergeordneten Umwelt werden in einen Vorgang geordnet. Beispiel: Handgriff.
Bewegungsprojekt: Grundeinheit der Prozesse, die ein Gleichgewichtssystem formen (2. Komplexitätsstufe). Das Bewegungsprojekt besteht aus vielen Bewegungen und folgt einem einheitlichen Ziel. Beispiel: Handlungsprojekt.
Bindungsebenen: Systembereich und Elementbereich in den Fließgleichgewichts- und Nichtgleichgewichtssystemen bestehen (entsprechend ihrer Exposition zu den Informations- bzw. Energieflüssen zwischen Übergeordneter, Energie nachfragender Umwelt und Untergeordneter, Energie anbietender Umwelt) bestehen aus je 2

Bindungsebenen. Innerhalb der Bindungsebenen von Nichtgleichgewichtssystemen werden - von oben nach unten entsprechend den systemischen Dimensionen - die Hauptprozesse, die Aufgabenprozesse, die Kontrollprozesse und die Elementarprozesse durchgeführt, wobei die Prozesse in den jeweils tiefer positionierten Ebenen den Prozessen in den höheren Bindungsebenen zugeordnet sind.

Biosphäre: Sphäre im Universalsystem. Die Biosphäre (als Raum verstanden) ist mit dem globalen Ökosystem (als Struktur verstanden) identisch. Position im Übergangsbereich zwischen Makrokosmos und Mikrokosmos (im Makrokosmos, von außen betrachtet 7. Sphäre; im Mikrokosmos, von außen betrachtet 1. Sphäre). Aufgabe: Stabilisierung bzw. Perzeption.

Bündelung: 1. Stadium im Komplexionsprozeß; in ihm werden für das neu zu bildende System höherer Komplexität die einbezogenen Systeme niederer Komplexität mit ihrer Prozeßstruktur als Elemente zusammenfaßt, gebündelt.

Chemosphäre, Chemische Sphäre: Sphäre im Universalsystem (im Makrokosmos, von außen betrachtet 6. Sphäre). Aufgabe: Kinetisierung.

Dauerhafte Anlagen: Vom Menschen geschaffene Bau- und Erdwerke in der Kulturlandschaft (Gebäude, Straßen, Gräben, Felder, etc.).

Determination: 2. Aufgabenprozeßstadium; Entscheidung über das weitere Vorgehen, d.h. die Anregung wird für das System aufbereitet.

Dimension, systemische: (Im Sinne der Prozeßtheorie): Meßbare Erstreckung grundlegender Eigenschaften, durch die die Größe eines Systems bzw. die Position eines Teiles eines Systems definiert werden kann. Es gibt 4 systemische Dimensionen: Energie (z.B. durch Substanzen identifizierbar) (1), Zeit (durch Prozeß identifizierbar) (2), Hierarchie (Anordnungs-Befolgungs-Verhältnis, Informationsfluß) (3) und (geometrischer) Raum (4). Näheres vgl. dort.

Dynamisierung: 5. Aufgabenprozeßstadium; Energie wird von den Elementen weitergegeben.

Elementarprozesse: In Nichtgleichgewichtssystemen Prozesse der 4. Bindungsebene, bestehend aus 4 Elementarprozeßstadien.

Elementbereich: In Fließgleichgewichts- und Nichtgleichgewichtssystemen die 2 unteren Bindungsebenen, die das System an die (Energie anbietende) Untergeordnete Umwelt anbinden.

Elemente: 1. (Im Sinne der traditionellen Systemtheorie): Isolier- und meßbare stoffliche und energetische Komponenten oder Parameter; 2. (Im Sinne der Prozeßtheorie): Teile, aus denen das System besteht. Entsprechend dem Systemtyp unterschiedlich eigenständig im Verbund des Systems. Beispiele: Einzelne Moleküle in einer Flüssigkeit, Individuen in ihren Rollen in der Population.

Emergenz: Übergang von einer Komplexitätsebene zur nächst höheren. Die Elemente formieren sich zu größeren Einheiten, ohne daß dieser Vorgang allein aus den Elementen selbst heraus erklärt werden könnte. Faktisch wird in der Literatur der Übergang vom Fließgleichgewichtssystem zum Nichtgleichgewichtssystem als Emergenz bezeichnet. In dieser Abhandlung wird jeder Übergang von einem einfacheren zu einem komplexeren Systemtyp (auch vom Solidum zum Gleichgewichtssystem)

als Emergenz bezeichnet. Diese Übergänge werden von den 4-stadialen Komplexionsprozessen durchgeführt.
Energie: Fähigkeit Arbeit zu leisten. Sie tritt in verschiedenen Formen auf, ist an Materie oder Materieteilchen gebunden (Nahrungsmittel, elektrische Energie etc.) oder an Energiefelder (elektrische Felder etc.). Energie kann umgewandelt (im Nichtgleichgewichtssystem) und übertragen oder verteilt (im Fließgleichgewichtssystem) werden. Die Energie muß im Zuge des Energieflusses qualitativ paßgenau dem Nachfrager angeboten werden. Sie manifestiert die 1. systemische Dimension.
Energiefluß: Weiterleitung, d.h. inner- oder außersystemische Verarbeitung und Verteilung qualitativ spezifischer Energie oder Energie enthaltender Materie (z.B. Produkte). Der Energiefluß muß kanalisiert und (zur Vermeidung von Dissipation) vor anderen Energieflüssen abgeschirmt werden. Der Energiefluß führt im allgemeinen von der (Energie liefernden) Untergeordneten Umwelt über die Elemente und den Systembereich zur (Energie nachfragenden) Übergeordneten Umwelt. Er wird im Fließgleichgewichtssystem optimiert. Beispiele sind Produktketten in und zwischen Populationen, Nahrungsketten in Ökosystemen.
Faltung: 4. Stadium des Komplexionsprozesses; in ihm wird die 2. Hälfte (z.B. der Reaktionsprozeß) der neu entstandenen Prozeßsequenz hinter die 1. Hälfte (z.B. den Induktionsprozeß) gefaltet. Anfang und Ende der Prozeßsequenz werden so miteinander verknüpft, daß eine Kontrolle möglich wird.
Familie: Population (Nichtgleichgewichtssystem) der Menschheit als Art, der 6.-obersten Ebene der Hierarchie zugehörig. Aufgabe: Kinetisierung.
Fließgleichgewichtssystem: Aus Teilen bestehendes System im Informations- und/oder Energiefluß, das sich durch Rückkopplung selbst reguliert. Information und Energie werden entsprechend Nachfrage und Angebot verteilt. Zwischen der Übergeordneten Umwelt als Energie-Nachfrager und der Untergeordneten Umwelt als Energie-Anbieter ist sein Standort. Das Fließgleichgewichtssystem erschließt die Untergeordnete Umwelt als Energieressource. Das System erhält oder verändert sich mittels Fließprozesse. Durch gegenüber der Nachfrage (Informationsfluß) verzögertem Angebot (Energiefluß) kommt es zu Schwingungen. Beispiele: Räuber-Beute-Beziehungen in Ökosystemen, Märkte in ökonomischen Systemen.
Fließprozesse: Das Fließgleichgewichtssystem wird verändert oder erhalten. Verteilungsprozeß. Es werden die 4 Bindungsebenen im Informationsfluß von oben nach unten und im Energiefluß von unten nach oben durchlaufen.
Gemeinde: Population (Nichtgleichgewichtssystem) der Menschheit als Art (Primärpopulation) und als Gesellschaft (Sekundärpopulation), der 5.-obersten Ebene der Hierarchie zugehörig. Aufgabe: Dynamisierung.
Gleichgewichtssystem: Im energetischen Gleichgewicht stehendes System mit seinen Elementen. Dieses System definiert sich durch die Menge seiner Elemente, es reagiert auf eine Anregung hin linear. Es wird von Bewegungsprojekten (z.B. Handlungsprojekten) verändert, es ordnet sich selbst. Beispiele: Eine flüssige Substanz, die von außen keine das Gleichgewicht störende Energiezufuhr erhält (die Brownsche Molekularbewegung ordnet intern die Moleküle als Elemente), eine sta-

tistisch faßbare Merkmalsgruppe in räumlichem Zusammenhang (z.B. Pendler, Berufszugehörige etc.).
Handgriff: Vgl. Bewegung.
Handlungsprojekt: Vgl. Bewegungsprojekt.
Hauptprozesse: In Nichtgleichgewichtssystemen Prozesse der 1. Bindungsebene, bestehend aus 4 Hauptprozeßstadien.
Hierarchie: Über- bzw. Unterordnung von Systemen verschiedener Komplexitätsstufen. Bei Nichtgleichgewichtssystemen (Individuen oder Populationen) dient die Hierarchie der Kontrolle - Anweisung und Befolgung - der Prozeßabläufe; die übergeordneten Nichtgleichgewichtssysteme umschließen und kontrollieren (gewöhnlich mehrere) untergeordnete Nichtgleichgewichtssysteme. Manifestierung der 3. systemischen Dimension, im Informationsfluß. Durch Differenzierung des Informationsflusses aus der Übergeordneten Umwelt wird die Kontrolle optimiert. Beispiele: Population oder Menschheit als Gesellschaft.
Hierarchisches System: Mehrstufiges System, dessen hierarchische Ebenen von Nichtgleichgewichtssystemen zusammengesetzt werden (Subsysteme). Die unterste Stufe stellt die Ebene der Elemente dar. Das Hierarchische System dient der Optimierung der Kontrolle, Anwendung und Befolgung sollten sich entsprechen. Ein vertikaler Prozeß verklammert die verschiedenen Ebenen. Beispiel ist die Menschheit als Gesellschaft, das aus 7 hierarchischen Ebenen besteht, die sich aus Populationen (auf Elementebene aus Individuen) zusammensetzen. Jede Ebene hat eine Aufgabe für das Hierarchische System im vertikalen Prozeß, durch Basisinstitutionen gekennzeichnet. Das Hierarchische System schafft sich strukturell selbst.
Individuum: Element des Hierarchischen Systems der Menschheit als Art (als Lebewesen) und als Gesellschaft (in seiner sozio-ökonomischen Rolle). Aufgabe: Stabilisierung.
Induktionsprozeß: In Nichtgleichgewichtssystemen aus 7 Aufgabenstadien bestehender (erhaltender oder verändernder) Prozeß, in dem die Anregung aus der Übergeordneten Umwelt (Adoption) und die Energie aus der Untergeordneten Umwelt (entsprechend der Information) umgewandelt wird (Produktion).
Information: Nachricht, die ein System (z.B. Population) zur Produktion, zur Erhaltung oder Veränderung seiner selbst anregt. Der Informationsgehalt gibt den Neuigkeitswert (den Überraschungseffekt) wieder. Informationen können verarbeitet (im Nichtgleichgewichtssystem) oder weitergeleitet und ausgebreitet (im Fließgleichgewichtssystem) werden.
Informationsfluß: Weiterleitung, inner- oder außersystemische Verarbeitung und Verteilung qualitativ spezifischer und damit vor anderen (Informations- und/oder Energie-)Flüssen (zur Vermeidung von Geräusch) abgeschirmter, Information. Der Informationsfluß führt im allgemeinen von der (Energie nachfragenden) Übergeordneten Umwelt die innersystemische Hierarchie über Systembereich und Elementbereich abwärts zur (Energie liefernden) Untergeordneten Umwelt. Der Informationsfluß wird im Hierarchischen System optimiert.

Institution: (Qualitative) Konkretisierung der Aufgaben eines Stadiums eines Prozesses in einer Population oder einem Populationtyp. In der Hierarchie der Menschheit als Gesellschaft und als Art konkretisieren die Basisinstitutionen die Aufgaben im Vertikalprozeß (z.b. Religion als Basisinstitution der Kulturpopulationen, Aufgabe: Determination).
Ionen, Sphäre der: Sphäre im Universalsystem (im Mikrokosmos, von außen betrachtet 3. Sphäre). Vermutete Aufgabe: Regulation.
Kinetisierung: 6. Aufgabenprozeßstadium, Energie wird in Produkte umgewandelt.
Kohärenz: Zusammenhalt der Elemente eines Systems (z.b. der Individuen einer Population), bewirkt durch den Wunsch oder Zwang zu Kontakten.
Komplexionsprozeß: Prozeß mit 4 Stadien (Bündelung, Ausrichtung, Verflechtung, Faltung), der den Übergang von einem einfacheren zu einem komplexeren Systemtyp durchführt (Emergenz).
Komplexität: Das Umfassende, die Tatsache, daß etwas verwoben, schwer durchschaubar, verwickelt ist. Komplexität liegt dann vor, wenn ein Gebilde sich als ein System darstellt, das aus vielen Teilen, Elementen aufgebaut ist, die miteinander wechselwirken, eventuell ein kooperatives Verhalten zeigen. Im Sinne der Prozeßtheorie bedeutet dies, daß Informationen und Energie ausgetauscht werden, daß die einzelnen Flüsse kanalisiert, aber auch voreinander abgeschirmt werden. Diese Flüsse fügen sich zu Prozessen, die das System erhalten oder verändern. Je nachdem wie stark die Informations- und Energieflüsse miteinander verwoben sind und wie weit die Systeme Eigenständigkeit zeigen, unterscheiden wir verschiedene Komplexitätsebenen oder Komplexitätsstufen. Komplexität im eigentlichen Sinne liegt vor, wenn das System bei einer Anregung nichtlinear reagiert, d.h. wenn die Veränderung einer Variablen nicht eine proportionale Veränderung der anderen Variablen zur Folge hat. Dies trifft in der Regel für die Fließgleichgewichtssysteme sowie für die noch komplexeren Systeme zu.
Kontrollprozeß: In Nichtgleichgewichtssystemen Prozeß der 3. Bindungsebene, bestehend aus 4 Kontrollprozeßstadien. Der Kontrollprozeß regelt die Innenbeziehungen des Systems.
Kreisprozeß: Bei Nichtgleichgewichtssystemen schließt (durch Faltung) der Induktionsprozeß an das Ende des Reaktionsprozesses der vorhergehenden Prozeßsequenz an, so daß ein Kreisprozeß entsteht. Auf diese Weise wird das System in die Lage versetzt, sich entsprechend den jeweiligen Gegebenheiten selbst zu organisieren.
Kulturpopulation: Population (Nichtgleichgewichtssystem) der Menschheit als Art (Primärpopulation) und der Gesellschaft (Sekundärpopulation), der 2.-obersten Ebene der Hierarchie zugehörig. Aufgabe: Determination.
Markt: Fließgleichgewichtssystem in der Menschheit als Gesellschaft und Menschheit als Art, in dem Informationen, Energie und Produkte der Populationen (Nichtgleichgewichtssysteme) nachgefragt, angeboten und verteilt werden.
Menschheit als Art: Im Zuge der Evolution entstandenes hierarchisches System. Der Mensch ist in seiner Eigenschaft als biologisches Wesen für die Menschheit als

Art konstitutiv. Primärpopulationen bilden die Subsysteme, Individuen als Lebewesen die Elemente.

Menschheit als Gesellschaft: Im Zuge der Kulturellen Evolution entstandenes hochdifferenziertes hierarchisches System, d.h. die Gruppen der Mitglieder und Populationen sind durch Arbeitsteilung geteilt resp. miteinander verbunden. Der Mensch ist durch sein sozioökonomisches Engagement für die Menschheit als Gesellschaft konstitutiv. Sekundärpopulationen bilden die Subsysteme, Individuen in ihren Rollen die Elemente.

Menschheit als Population: Oberstes Subsystem (Nichtgleichgewichtssystem) der Menschheit als Art und als Gesellschaft. Aufgabe: Perzeption.

Merkmalsgruppe: Statistische Gruppe von Individuen, die durch 1 Merkmal, z.B. 1 Aufgabe, ihre spezifische Eigenart erhält.

Molekularsphäre, Sphäre der Moleküle: Sphäre im Universalsystem (im Mikrokosmos, von außen 2. Sphäre). Aufgabe: Determination.

Negentropie: Energie kann in Nichtgleichgewichtssystemen (z.B. in Populationen) nur verarbeitet und umgewandelt werden, wenn sie durch interne Aufteilungen und Schranken dosiert wird. Je differenzierter die interne Gliederung, je höher also die Ordnung des Systems, umso präziser kann die Energie genutzt werden, umso weniger besteht die Gefahr, daß Energieflüsse vermischt werden und damit Energie verloren geht. Als Maß für die Ordnung dient die Negentropie; je höher ihr Wert in einem System, um so höher ist der Grad der Ordnung oder Differenziertheit (und umso niedriger die physikalische Entropie).

Nichtgleichgewichtssystem: Aus Teilen (Elementen) bestehende Ganzheit im Informations- und/oder Energiefluß fern vom energetischen Gleichgewicht. Es werden Information und Energie umgewandelt, Produkte hergestellt. Die Zusammensetzung der Elemente ist heterogen, Arbeitsteilung ist charakteristisch. Der Prozeß ist in Stadien gegliedert, der Induktionsprozeß mit 7 Stadien ist marktorientiert, der anschließende Reaktionsprozeß mit ebenfalls 7 Stadien verändert das System. So organisiert sich das System selbst. Durch diese Differenzierung des Prozeßablaufs optimiert das Nichtgleichgewichtssystem den Zeitablauf. Beispiele: Atome, Moleküle, Zellen, Organismen, Populationen, Galaxien.

Ökosystem: Vielfältig zusammengesetztes, aus verschiedenen Systemtypen (Gleichgewichts-, Fließgleichgewichts-, Nichtgleichgewichtssystemen) bestehendes biotisches System, der 6. Komplexitätsstufe zugehörig. Die Menschheit nimmt innerhalb des Ökosystems ihre Nische ein. Das Ökosystem ist aus dem Blickwinkel der Menschheit die wichtigste Energieressource. Die globale Biosphäre (als Raumbegriff) ist mit dem globalen Ökosystem (als Funktionsbegriff) identisch.

Organisat: Population (Nichtgleichgewichtssystem) der Menschheit als Gesellschaft, der 6.-obersten Ebene der Hierarchie zugehörig. Aufgabe: Kinetisierung. Mit Betrieb (aus wirtschaftswissenschaftlicher Sicht) identisch.

Organisation: (Im Sinne der Prozeßtheorie) 4. Aufgabenprozeßstadium; das System wird räumlich mit der Untergeordneten (Energie anbietenden) Umwelt ver-

bunden. Die Hauptprozeßstadien Adoption und Produktion bzw. Rezeption und Reproduktion werden miteinander verknüpft.
Paßgenauigkeit: Informations- und Energieflüsse müssen genau aneinanderschließen, um Rauschen bzw. Dissipation zu vermeiden.
Perzeption: 1. Aufgabenprozeßstadium: Aufnahme der Anregung aus der Übergeordneten (Energie nachfragenden) Umwelt.
Planeten, Sphäre der: Sphäre im Universalsystem (im Makrokosmos, von außen betrachtet 5. Sphäre). Vermutete Aufgabe: Dynamisierung.
Planetensysteme, Sphäre der: Sphäre im Universalsystem (im Makrosystem, von außen betrachtet 4. Sphäre). Vermutete Aufgabe: Organisation.
Population: Nichtgleichgewichtssystem im Rahmen der Menschheit als Art (Primärpopulation) oder der Menschheit als Gesellschaft (Sekundärpopulation). Populationen bestehen aus Individuen, die arbeitsteilig miteinander kooperieren. Populationen zeichnen sich durch qualitative Definierbarkeit aus, haben eine bestimmte Aufgabe für die Menschheit, sind die Träger der Arbeitsteiligen Prozesse, häufig zentral-peripher räumlich geordnet.
Primärpopulation: Population (Nichtgleichgewichtssystem) der Menschheit als Art (z.B. Stamm, Volksgruppe oder Familie); die Individuen sind als Lebewesen die Elemente.
Produkt: Von Populationen (Nichtgleichgewichtssystemen) als Ergebnis des Induktionsprozesses der nachfragenden Übergeordneten Umwelt angebotenes Erzeugnis mit einem bestimmten Informations- und Energiegehalt. Es muß sich paßgenau in den Energiefluß einordnen.
Produktion: In Nichtgleichgewichtssystemen das 2. Hauptprozeßstadium, in dem entsprechend der Anregung (Information) die Energie umgewandelt wird.
Prozeß: 1. Im Fließgleichgewichtssystem (eventuell wellenförmiger) Diffusionsvorgang (z.B. Ausbreitung einer Innovation); das Fließgleichgewichtssystem wird von einem Zustand in einen anderen versetzt (verändernder Prozeß);
2. Im Nichtgleichgewichtssystem (z.B. Population) Sequenz von in definierbarer Reihenfolge angeordneten Stadien mit qualitativ unterschiedlichen Aufgaben im Informations- und/oder Energiefluß; er dient der Produktion (z.B. für den Markt) und der Erhaltung oder Veränderung der Systemgröße und/oder der Systemstruktur; durch die Differenzierung des Prozeßverlaufs ("Prozeßsequenz") wird die Zeitgestaltung im System optimiert;
3. Erhaltender und verändernder Prozeß in den verschiedenen Systemtypen (z.B. Fließ- und Nichtgleichgewichtssystem); entweder es wird die Menge der Elemente (und Subsysteme) erhalten oder verändert (größenerhaltender und -verändernder Prozeß) oder die Struktur (strukturerhaltender bzw. strukturverändernder Prozeß);
4. Haupt-, Aufgaben-, Kontroll-, Elementarprozeß vgl. dort;
5. Komplexionsprozeß vgl. dort.
Prozeßsequenz: Folge von Aufgabenprozessen, in denen Information und/oder Energie im Nichtgleichgewichtssystem oder komplexeren Systemtypen umgewandelt, verarbeitet wird (Induktions-, Reaktionsprozeß).

Prozeßtheorie: Theorie, die auf der Basis der Beobachtung, daß jeder Prozeß in sich strukturiert und in Phasen gegliedert ist, sowie aufgrund der Analyse der systemischen Strukturen versucht, die Informations- und Energieflüsse zu präzisieren sowie die Probleme der Emergenz und Komplexität auf neuem Wege anzugehen. Ausgang waren Untersuchungen in sozialen Systemen.
Qualifizierung: Energie wird erst dadurch im System verwendbar, daß sie eine bestimmte Qualität erhält. Diese Qualität mag materiell sein (z.b. bestimmte Substanz, die weitergeleitet oder umgewandelt werden soll) oder die Wellenlänge betreffen (z.b. bei Strahlung oder Diffusion) oder auf einer Information beruhen (z.b. Institutionen im Hierarchischen System oder Innovationen im Prozeßablauf). Qualifizierung macht die Energie kanalisierbar und erlaubt Paßgenauigkeit.
Raum: (Im Sinne der Prozeßtheorie): Durch seine Bindung an einen Systemtyp, durch spezifisch qualitative Eigenschaften, durch eine bestimmte Position in einer Prozeßsequenz und in einer Hierarchie sowie durch eine zentral-periphere Ausdehnung und äußere Begrenzung definierte Ordnung. Der Raum manifestiert die 4. systemische Dimension. Die Raumgestaltung wird im Universalsystem (6. Komplexitätsebene) optimiert.
Reaktionsprozeß: Aus 7 Aufgabenstadien bestehender Prozeß, in dem entsprechend dem zugehörigen Induktionsprozeß das Nichtgleichgewichtssystem erhalten oder verändert wird; die Anregung wird aufgenommen (Rezeption) und die Arbeit entsprechend ausgeführt (Reproduktion). Im Reaktionsprozeß erfolgt Selbstorganisation des Nichtgleichgewichtssystems.
Regulation: 3. Aufgabenprozeßstadium; die Anregung wird an die Elemente (Individuen) weitergegeben, die Elemente werden durch die Anregung an das System (Population) gekoppelt.
Reproduktion: In Nichtgleichgewichtssystemen das 4. Hauptprozeßstadium, in dem entsprechend dem Ergebnis der Rezeption das System erhalten oder verändert wird (Selbstorganisation).
Rezeption: In Nichtgleichgewichtssystemen das 3. Hauptprozeßstadium, in dem entsprechend dem Ergebnis des Induktionsprozesses das System angeregt wird, sich zu erhalten oder zu verändern.
Rückkopplung: Bei Fließgleichgewichtssystemen oder komplexeren Systemen Kontrolle durch Vergleich des Angebots am Ende mit der Nachfrage am Anfang des Induktions- bzw. Reaktionsprozesses oder eines Prozeßstadiums.
Sekundärpopulation: Population (Nichtgleichgewichtssystem) der Menschheit als Gesellschaft (z.B. Staat, Stadt-Umland-Population oder Organisat); die Individuen sind in ihren Rollen die Elemente, durch Arbeitsteilung aufeinander bezogen.
Solidum: Das aus Substanz Geschaffene, nicht in Elemente Untergliederte, wohl aber als Form Identifizierbare. Das Solidum wird (z.B. vom Menschen durch Handgriffe) bewegt und verändert. Beispiele: Jeder bewegte Gegenstand, z.B. beim Handgriff die Hand.
Sphäre: Das Universalsystem setzt sich (entsprechend der Prozeßtheorie) aus hierarchisch übereinander angeordneten und räumlich umgreifenden Schalen, den sog.

Sphären, zusammen. Diese werden jeweils von materiell und räumlich unterschiedlichen Typen von Nichtgleichgewichtssystemen (z.B. Atome, Moleküle, Organismen, Sterne etc.) gebildet. So resultiert ein - von jedem Nichtgleichgewichtssystem aus gesehen - zwiebelschalenförmiger Aufbau des Universalsystems.
Staat: Population (Nichtgleichgewichtssystem) der Menschheit als Gesellschaft, der 3.-obersten Ebene der Hierarchie zugehörig. Aufgabe: Regulation.
Stabilisierung: 7. Aufgabenprozeßstadium; Abgabe der Produkte an die (nachfragende) Übergeordnete Umwelt.
Stadt-Umland-Population: Population (Nichtgleichgewichtssystem der Menschheit als Gesellschaft, der 4.-obersten Ebene der Hierarchie zugehörig. Aufgabe: Organisation.
Stamm: Population (Nichtgleichgewichtssystem) der Menschheit als Art, der 3.- und/oder 4.-obersten Ebene der Hierarchie zugehörig. Aufgabe: Regulation.
Struktur: 1. Die zeitliche Struktur eines Systems ist mit der Prozeßstruktur, d.h. dem Aufbau und der Dauer zwischen Vorhergehender und Nachfolgender Umwelt identisch.
2. Die hierarchische Struktur ist im Informationsfluß zwischen Übergeordneter und Untergeordneter Umwelt herausgebildet. Innerhalb der Fließgleichgewichts- und Nichtgleichgewichtssysteme ist der Systembereich den Elementen hierarchisch übergeordnet, im Hierarchischen System und Universalsystem sind Systeme als Subsysteme in höheren Ebenen den tiefer positionierten übergeordnet.
3. Die Systembereiche in Systemen umgreifen die Elemente des Elementbereichs, die übergeordneten Systeme in Hierarchien die Subsysteme auch räumlich. So erhalten die Systeme eine interne räumliche Struktur.
Substanz, Stoff: Das wahrnehmbare Material, das Formbare, Transportierbare, Aggregierbare. Jeder Energietransfer ist auf Substanz angewiesen. Im Gegensatz zur Materie muß Substanz nicht strukturiert oder gestaltet sein.
Subsystem: 1. (In der traditionellen Systemtheorie): Inhaltlich abgrenzbarer Teilkomplex eines Systems;
2. (Im Sinne der Prozeßtheorie): Nichtgleichgewichtssystem (z.B. als Population die Gemeinde) als Glied in einem Hierarchischen System (z.B. in der Menschheit als Gesellschaft oder als Art) interpretiert.
System: 1. (In der traditionellen Systemtheorie): Komplex aufgebaute Ganzheit, die sich analytisch untersuchen läßt;
2. (Im Sinne der Prozeßtheorie): Eine Ganzheit, die von Elementen gebildet wird und durch Prozesse verbunden werden. Ein System besteht aus einem materiellen Träger und besitzt eine zeitliche, hierarchische und räumliche Struktur. Wir unterscheiden verschiedene Typen: Gleichgewichtssystem, Fließgleichgewichtssystem, Nichtgleichgewichtssystem, Hierarchisches System und Universalsystem. Näheres vgl. dort.
Systembereich: Die 2 oberen innersystemischen Bindungsebenen in Fließgleichgewichts- oder Nichtgleichgewichtssystemen, die in engem Kontakt mit der (nachfragenden) Übergeordneten Umwelt die Ganzheit des Systems repräsentieren.

Träger: Das stoffliche Skelett (Hardware) des Systems, das den Verknüpfungen und Prozessen ihren Halt gibt. So erhalten z.B. in Atomen, Molekülen, Organismen, Populationen, Galaxien die Prozesse, hierarchischen Strukuren und räumlichen Verbindungen durch die substantiellen Träger ihren verstetigenden Rahmen.
Umwelten: (Im Sinne der Prozeßtheorie): Die für die Existenz von Systemen nötigen Ergänzungsbereiche, gegliedert entsprechend den systemischen Dimensionen:
1. (anregende, Energie nachfragende) Übergeordnete bzw. (angeregte, Energie anbietende) Untergeordnete Umwelt;
2. (dem Prozeß) Vorhergehende bzw. Nachfolgende Umwelt (Zeitliche Umwelt);
3. (kontrollierende, anweisende) hierarchisch Übergeordnete bzw. (kontrollierte, befolgende) Untergeordnete Umwelt;
4. Dem System benachbarte und im Sinne der Ergänzung beanspruchte Räumliche Umwelt.
Universalsystem: Im Sinne der Prozeßtheorie: Aus 13 Sphären (im Makro- und Mikrokosmos) sich darstellendes Ganzes des Universums. Die Sphären heben sich materiell und räumlich voneinander ab (z.B. die Sphäre der Moleküle von der Biosphäre) und haben als Glieder einer übergreifenden Prozeßsequenz ihre spezifische Aufgabe. Materiell setzen sich die Sphären aus Nichtgleichgewichtssystemen (z.B. Moleküle, Organismen) zusammen. Es besteht eine hierarchische Ordnung. Die Biosphäre nimmt zwischen Makro- und Mikrokosmos eine Mittlerposition ein. Die Sphären des Makro- und die des Mikrokosmos sind paarweise räumlich und funktionell so miteinander verknüpft, daß die Nichtgleichgewichtssysteme im Mikrokosmos die Elemente der Nichtgleichgewichtssysteme im Makrokosmos sind (z.B. sind die Moleküle die Elemente der chemischen Systeme, die Atome die der Planetensysteme [?]). So schafft sich das Universalsystem selbst als substantielles und räumliches Ganzes.
Verflechtung: 3. Stadium des Komplexionsprozesses. In ihm wird die neu gebildete Prozeßsequenz (mathematisch) umgekehrt, je nach der Art des neuen Systems entweder vom vertikalen in den horizontalen Verlauf oder umgekehrt. Dadurch werden die einzelnen untergeordneten Prozeßverläufe verflochten.
Volk: Population (Nichtgleichgewichtssystem) der Menschheit als Art, der 3.-obersten Ebene der Hierarchie zugehörig. Aufgabe: Regulation.
Volksgruppe: Population (Nichtgleichgewichtssystem) der Menschheit als Art, der 4.-obersten Ebene der Hierarchie zugehörig. Aufgabe: Organisation.
Weitwirkung: Raum-zeitliche Beeinflussung von Bewegungs-(Handlungs-)projekten im Rahmen eines Gleichgewichtssystems; die Intensität nimmt vom Initialort aus mit wachsender Distanz ab.
Zeit: Im Zuge des Informations- und/oder Energieflusses durch den Prozeßverlauf gegliederte Folge von Ereignissen in einem System. Die Zeit manifestiert die 2. systemische Dimension, sie wird im Nichtgleichgewichtssystem optimiert.

Register

Bei den sehr häufig vorkommenden Begriffen wurde nur auf die Stellen verwiesen, an denen die Begriffe ausführlicher behandelt wurden.

Absolutismus 16
Achim 22
Adams, Richard N. 123
Adoption 29, 65, 139
Agents 58
Ahl, Valerie 134
Allen T.F.H. 134
Aller-Weser-Urstromtal 22
Andreae, Bernd 128
Arbeitsteiliger Prozeß 61-81, 139
Arealsystem 49, 78, 104, 105
Artificial Life 58
Artificial Society 58-60, 122
Atlantikum 22
Atome 113
Attraktor 56
Aufgabenprozeß 139
Ausrichtung 26-27, 40-41, 68, 87-88, 108-109, 139
Autokatalytische Prozesse 80
Autonomie, autonom 11, 57
Autopoiese 54, 55, 78, 103, 121
Axtell, Robert 59, 132
Bähr, Jürgen 126
Bahrenberg, Gerhard 129
Baliunas, Sallie L. 138
Banken 77
Bartels, Dietrich 126
Basisinstitution 91-92, 94
Bauernhof in Wörpedorf *13-16, 23-25,*
  34-39, 61-66, 82-86, 103-107
Begon, M.E. 129
Benton, Michael J. 136
Berckheimer, Hans 138
Bertalanffy, Ludwig von 129
Bewegung *16-20,* 25, 139
Bewegungsprojekt *23-28,* 139
Bindungsebene 43, 62, 65, 67,139-140
Biosphäre 105, 108, 111, 112, 140
Black Box 49
Blattfrucht vgl. Hackfrucht
Bobek, Hans 127

Böcher, Wolfgang 123
Boden(verhältnisse) 34
Bodennutzung 23
Bodenverbesserung 39
Boesler, Klaus-Achim 135
Braudel, Fernand 135
Bremen 13, 16, 21, 22, 83
Brownsche Bewegung 30
Brücher, Wolfgang 135
Brüne, Friedrich 123
Bündelung 25-26, 40, 67, 87, 108, 140
Bunge, Mario 124
Calenbergische Morgen 13
Callcenter 10
Chaos(forschung) 9, 29, 30, 45, 54, 56-58, 60, 80, 112, 121
Chemosphäre 106, 111, 112
Childe, V.Gordon 135
Christaller, Walter 127
City, Central Business District 32, 77
Club of Rome 50
Dahrendorf, Ralf 132
Dampfmaschine 80
Darwin, Charles 136
Dauerhafte Anlagen 16, 18, 35, 66, 92, 107, 140
Davies, Paul 131
Dawkins, Richard 136
De Sapio, Rodolfo 128
Desertifikation 106
Dezennienrhythmus 93, 94, 95
Diffusion 37, 45-48, 56, 60, 72, 96
Dimensionen, systemische 19, 140
Direktorium 75
Dörrenbächer, Peter 135
Dualismus bez. Dualität 52
Dünger, Düngung 34, 36, 42
Durkheim, Émile 132
Dynamisierung 71
Dynamoeffekt 113
Eigen, Manfred 127, 138
Einkaufszentrum 77

149

Eldredge, Niles 137
Elementarprozeß 140
Elementbereich 38, 43, 140
Ellenberg, Heinz 129
Emergenz 9, 10, 11, 57, 58, 120-122, 140-141
Emsland 31
Energie, Energiefluß,-übertragung 42, 118-119,141
Entropie vgl. Negentropie
Epstein, Joshua M. 59, 132
Erwin, Douglas H. 137
Eulefeld, U.G. 136
Europa 49, 96
Evolution, Biotische 101-102
Evolution, Kulturelle 45, 86, 94-98, 101-102
Faltung 28-29, 42-43, 69-71, 88-90, 110-112, 141
Farmer, Doyne 132
Feldnutzung 23, 24
Fließgleichgewichtssystem *34-60*, 141
Fließprozeß *34-60*, 142
Formen, natürliche 21-22
Forrester, Jay W. 49, 129
Franko-Kantabrischer Raum 95
Fränzle, Otto 129
Fruchtbarer Halbmond 95
Gadamer, Hans-Georg 126
Gebietsreform 15
Geisteswissenschaft 55, 71
Geldsetzer, Lutz 126
Gemeinde 74-75, 82, 83
Gemüse 23
Gerhardt, Martin 132
Germanische Landnahme 78
Giddens, Anthony 51, 130
Giese, Ernst 129
Gleichgewichtssystem *23-33*, 142
Globalisierung 96, 97
Gould, Stephen Jay 137
Grasberg 14, 15, 74, 75, 82
Great Plains 30
Grundwasserspiegel 34
Grünlandnutzung 23, 35
Haag, G. 131
Hackfrucht (Blattfrucht) 39
Hägerstrand, Torsten 128

Haken, Hermann 131
Halmfrucht 39
Hambloch, Hermann 123, 136
Hamme 13, 16, 21, 22
Handgriff 16-20, 23, 25
Handlungen *16-20*, 25, 51-53
Hann. Moorkolonisation 16, 85, 133
Harper, J.L. 129
Heinritz, Günter 127
Hejl, Peter M. 57,131
Hermeneutik 29
Herrschaft 92, 93
Hesler, Alexander von 130
Hettner, Alfred 124
Hierarchie der Populationen 92-93
Hierarchie der Prozesse 93-94
Hierarchischer Prozeß *82-102*
Hierarchisches System *82-102*, 143
Hofanschluß 15
Holozän 22
Horgan, John 132
Hrouda, Barthel 135
Hugenberg, Alfred 124
Imergenz 57
Induktionsprozeß 142
Industriebetrieb 75-76
Industrielle Revolution 95
Information, Informationsfluß 42, 143
Infrastruktur 82, 92
Initialort 24, 31, 35, 62
Innovation 45-46, 48, 72, 73, 96
Instinkt 17
Institution (vgl. Basisinstitution) 85, 143
Intensitätzone (Anbau) 35
Jahresrhythmus 93, 94
Jarvie 52
Jensch, G. 132
Jentsch, Christoph 126
Jessen, Otto 125
Joas, Hans 130
Kampf ums Dasein 99, 101
Kant, Edgar 127
Kapune, Th. 136
Kausalmethode 22, 29
Kinetisierung 71
Kirche (Grasberg) 74, 133-134
Kleine Wümme 16
Klöpper, Rudolf 127

Kluczka Georg 135
Klug, Heinz 129
Klüter, Helmut 130
Kohärenz 83, 143
Köhler, J. Michael 136
Kollektive 53
Kolonisation 16, 47, 86
Kommunikation 55
Kompartiment 105, 106
Komplexionsprozeß 10,12, *25-29*, *39-44*, 67-71, *86-90,107-112*, 120
Komplexität 12, 115-120, 143
Komplexitätsforschung 9, 10, 54, 60
Konjunkturzyklen 9, 47
Kontrolle 119
Kontrollprozeß 14
Kormophyten 79, 104
Kräfte 16, 21
Krautter, Joachim 138
Krohn, Wolfgang 131
Kuhgraben 16, 83
Kuls, Wolfgang 126
Kulturpopulation 85
Küppers, Günter 131
Kurzes Moor 13
Lang, Roberg 129
Langes Moor 13
Langton, Christopher G. 131
Laszlo, Ervin 129
Lebenswelt *99-102*, 106, 109
Lenk, Hans 124
Leser, Hartmus 127
Lilienthal, Karl 123 124
Linde, Andrei 138
Lotka, A.J. 129
Lotka-Volterra-Beziehungen 47
Louis, Herbert 125
Luhmann, Niklas 54, 130
Mainzer, Klaus 131
Makrokosmos 79, 90, 106-107, 109, 112, 122
Mandelbrot, Benoît 131
Marketingabteilung 75
Markt 63, 75, 96
Marsch 22
Martin, Robert D. 130
Marx, Karl 52
Massensterben (Evolution) 102

Maturana, Humberto R. 78, 130, 134
Meadows, Dennis und Donella 129
Mechanisierung (der Landwirtschaft) 13
Mehrjahresrhythmus 93, 94, 95
Mensch, Gerhard 128
Menschheit als Art 98-99, 144
Menschheit als Gesellschaft *93-99*, 144
Mensching, Horst 137
Merkmal, Merkmalsgruppen 30, 31, 59, 144
Mesokosmos 10, 79, 107, 112
Mesolithikum 95
Mesopotamien 95
Mesozoikum 102
Methodischer Individualismus 52
Meurers, Joseph 138
Mikrokosmos 79, 90, 106-107, 109, 112, 122
Millenienrhythmus 93, 94, 95
Milling, Peter 129
Mittelalter 76
Molekularsphäre 106, 111, 113
Moleküle 30
Monatsrhythmus 93, 94, 95
Moor (Niederungs-, Hochmoor) 13, 15, 22
Moorhufendorf, -siedlung 15, 31
Moorkommissariat 74
Moränen 22
Müller, Paul 137
Müller, Werner A. 134
Müller-Karpe, Hermann 135
Nachhaltigkeit 42
Naturwissenschaften 9, 54, 71
Negentropie 144
Neolithikum, Neolith. Revolution 46, 95
Nesme-Ribes, Elizabeth 138
New Mexico 47, 48
Nichtgleichgewichtssystem *61-81*, 144
Nichtlinearität 44, 50, 56, 122
Obst, Erich 127
Ökosystem 41, 42, 48-51, 57, 64, 99, 100, 101, *103-107*, 112, 144-145
Ökumene 94, 98
Organisat 61-66, 145
Organisation 70
Organismus 17, 24, 25, 29, 79, 100, 106
Ostfriesland 22

Ostwald, W. 99, 123
Ottersberg, Amt 74
Overbeck, Fritz 123, 125
Paläolithikum 94, 95
Passen, Passung , Paßgenauigkeit 12, 145
Pecos, Pueblo 48
Pendler 32, 33
Perzeption 70
Planeten, Planetensysteme 145
Pleistozän 22
Plewe, E. 124
Population 145
Prigogine, Ilya 131
Primärpopulation 98, 99, 145
Probst, Gilbert J.B. 131
Produkt 145
Produktion 145
Produktkette 64
Prozeß 11, 116, 146
Prozeßgliederungen 117-118
Prozeßtheorie 146
Planeten, Planetensystem 113
Rasmussen, Steen 132
Räuber-Beute-Beziehungen 47
Raum 146
Raup, David M. 137
Reaktionsprozeß 146
Rees, Martin 138
Reformation 46
Regulation 70, 146
Rein, Dieter 138
Religion 92, 93
Renaissance 46
Reproduktion 29, 65, 146
Rezeption 29, 65, 146
Rhythmen (vgl. auch Schwingungen) 38, 46, 48, 66, 92, 93, 95
Richter, Gerold 137
Richthofen, Ferdinand, von 124
Ritter, Wigand 123, 135
Rogers, E.M. 128, 132
Rotation 39, 42, 48-49
Rückkopplung 43, 49, 50, 65, 146
Saale-Eiszeit 22
Sachsse, Hans 126
Sandhaufen 30
Santa Fe 47
Sauer, Carl Ortwin 128

Scheffer, Fritz 137
Schirmacher, Walter 131
Schlick 22
Schlüter, Otto 124, 125
Schmithüsen, Josef 127
Schneppe, F. 126
Schöller, Peter 126
Schuster, Heike 132
Schwerkraft 30
Schwingung 46-47 48, 95
Sedlacek, Peter 126
Sedlmayr, Erwin 138
Seiffert, Helmut 126
Seifritz, Walter 131
Sekundärpopulation 98, 99, 147
Selbsterzeugung 78
Selbstorganisation 9, 52, 55, 57- 58, 78, 121
Selbstreferenz 54, 55
Selbstregulation 43, 52, 54
Selektion, Selektivität 54, 57, 96, 101
Simulation 44, 51, 59, 121
Sinngebung 54
Smith, Adam 132
Soester Börde 30
Sokoloff, Dmitry 137
Sölch, Johannes 124
Solidum *13-22*, 18, 27, 147
Sozialwissenschaften 9, 10, 51, 52, 71
Sphagnum 22
Sphären 111, 112, 147
Spier, Fred 123
Staat 83
Stabilisierung 70
Stadt-Umland-Population 76-78, 83
Stanley, Steven M. 137
Stegmüller, Wolfgang 132
Stengers, Ilsabelle 131
Strasburger 134
Struktur 147
Strukturationstheorie 51-52
Subatlantikum 22
Substanz 147
Subsystem 89, 94, 147
Sutherland, John W. 129
Synergetik 56
System 11, 116, 147-148
Systembereich 38, 43

Systemtheorie (Luhmann) 54-56
Systemübergänge 103
Tagesrhythmus 93, 94, 95
Tattersall, Ian 135
Taxonomie 99
Taylor, Charles 131
Technische Systeme 80-81
Teleologie, Teleonomie 73
Teufelsmoor 13
Thünen, Johann Heinrich von 125
Thünensche Ringe 32, 96
Tierprodukte 34
Tope 35, 38, 39, 44, 55, 62, 63, 66
Torf, Torfstich 15, 22, 23, 34, 62
Torfkanal 16
Townsend,C.R. 129
Träger 117, 148
Turbulenz 80
Tüschendorf-Worphauser Graben 15
Ulrich, Hans 131
Umwelten 18, 19, 148
Universalprozeß *103-114*, 148
Universalsystem *103-114*, 148
Urbane Revolution 95
Ursache 17
Vaas, Rüdiger 137
Varela, Francisco J. 78, 130
Verflechtung 27-28, 41-42, 68-69, 87-88, 110, 148

Verkehr 92, 93
Vester, Frederic 130
Vollmer, Gerhard 123, 132
Wachtler, G. 125
Weichseleiszeit 22
Weidlich, Wolfgang 131
Weingarten, Michael 132
Weitwirkung 24, 31, 32, 62, 149
Werkzeuge 17, 36
Weyerberg 22
Wieser, Wolfgang 136
Windhorst, Hans-Wilhelm 128
Winkler, H. 136
Winkler, Ruth 126, 138
Wirbeltiere 79
Wissel, Christian 129
Wissenschaft 92, 93
Wochenrhythmus 93, 94, 95
Woldstedt, Paul 125
Wörpe 15, 21, 22, 83
Worpswede 22, 74, 82
Wümme 16, 21, 83
Zahn, Erich 129
Zeit 149
Zeitbudget 58, 64, 67
Zellulare Automaten 59, 60
Zentennienrhythmus 93, 94, 95
Zentrale Orte 32, 97
Zulieferbetrieb 75

Manfred Büttner / Karl-Heinz Erdmann (Hrsg.)

Geisteshaltung und Umwelt – Stadt und Land. Teil 1

Beiträge zum Geographentag in Bonn 1997

Frankfurt/M., Berlin, Bern, New York, Paris, Wien, 1998. XII, 150 S., 10 Abb.
Geographie im Kontext. Bd. 3
ISBN 3-631-33731-0 · br. DM 54.–*

Dieser Band enthält Referate von Manfred Büttner, Karl-Heinz Erdmann, Jürgen Hamel, Martin Happ, Jürgen Hasse, Hermann Kandler und Andreas Schach, die im Rahmen der Sitzung des Arbeitskreises „Geographie der Geisteshaltung und Religion/Umwelt-Forschung" innerhalb der Deutschen Gesellschaft für Geographie (DGfG) anläßlich des 51. Deutschen Geographentages am 9. und 10. Oktober 1997 in Bonn zum Themenfeld „Geisteshaltung und Umwelt" gehalten wurden bzw. das Themenfeld sinnvoll ergänzen. Behandelt werden u.a. religionsgeographische, geographiehistorische, kulturgeographische, umweltpolitische sowie geographiephilosophische Fragestellungen.

Aus dem Inhalt: Zur Neuausrichtung bzw. Neu-Begründung der wissenschaftlichen Geographie im Gefolge der Reformation · Die Martinslegende als ein religionsgeographisches Problem · Zum Thema Reisen im Mittelalter und der frühen Neuzeit · Die Argumentation von Copernicus zur Erdgestalt nach ihren Quellen und im Kontext der mittelalterlichen und zeitgenössischen Wissenschaft · Komotini/Gümülcine. Besonderheiten in Struktur und Funktion einer bi-religiösen Stadt · Nachhaltigkeit als neues Leitbild der Natur- und Umweltschutzpolitik · Mediale Räume. Zur Geographie der Geisteshaltungen · Naturalismus – Naturphilosophie – Umwelt

Frankfurt/M · Berlin · Bern · New York · Paris · Wien
Auslieferung: Verlag Peter Lang AG
Jupiterstr. 15, CH-3000 Bern 15
Telefax (004131) 9402131
*inklusive Mehrwertsteuer
Preisänderungen vorbehalten